其实，我们都在被 积雪草/著 ★
这世界★温柔地爱着

文汇出版社

图书在版编目（ＣＩＰ）数据

其实，我们都在被这世界温柔地爱着 / 积雪草著
. -- 上海：文汇出版社，2015.4
ISBN 978-7-5496-1400-4

Ⅰ.①其… Ⅱ.①积… Ⅲ.①人生哲学—通俗读物
Ⅳ.①B821-49

中国版本图书馆CIP数据核字(2015)第015116号

其实，我们都在被这世界温柔地爱着

出　版　人 / 桂国强
作　　　者 / 积雪草
责任编辑 / 戴　铮
封面装帧 / 嫁衣工舍
出版发行 / 文匯出版社
　　　　　　上海市威海路755号
　　　　　　（邮政编码200041）
经　　　销 / 全国新华书店
印刷装订 / 三河市金泰源印务有限公司
版　　　次 / 2015年4月第1版
印　　　次 / 2019年1月第2次印刷
开　　　本 / 880×1230　1/32
字　　　数 / 172千字
印　　　张 / 8

ISBN 978-7-5496-1400-4
定　价：32.80元

兴许，你和我一样在现实面前徘徊过、迷惘过、挣扎过，时常觉得自己像是被遗弃了。你的难过、你的不安、你的欢喜，从来都只是一个人的，无人问津。你看起来像个孤独的怪物。全世界都在张灯结彩，唯独你郁郁寡欢。你渴望爱，渴望温暖，如同渴望呼吸。可是，在你需要这些温暖、热忱时，全世界都在忙，全世界里的每个人也都在忙，你在他们的忙乱里走失。

因为知道那种需要温暖而温暖却缺席不在的荒凉感，所以想努力地把那些美好、热忱以无形的方式给予那些需要它们的人。或许，我们都形单影只；或许，我们都力量微薄；也或许，我们还一无所有，可是没有关系，力所能及地传达的便是好的。

当孤单冰寒地冻时，唯愿有那么一个人，那么一份热忱，路过你的世界，温暖到你。

半杯暖

你不能用一个青春的时光悼念青春，

再用一个老去的时光害怕老去。

目　录

第一章
请你温暖，无论这世界多冷漠

你曾以为有些事，不说是个结，揭开是块疤，可当多年后你揭开疤，也许会发现那里早已开出一朵花。

第二章

其实，我们都在被这世界温柔地爱着

你不能用一个青春的时光悼念青春，再用一个老去的时光害怕老去。在最好的时光，请尽可能用尽你所有去做一件事情，去爱一个人。

第三章

每个人都曾穿越过不为人知的黑暗

渐渐发现，每个人的生命中都有值得去爱的部分，那个部分不是常常被人看见，那一部分又轻又软，灵动，像薄薄的云雾，像晶莹的一角的阳光……

第四章

唯愿彼此心中留下温暖

当沉默再次降临在你们之间时，请不要恐惧沉默，不要逃避沉默，试着不去打破这份沉默，试着不去做些什么，不去说些什么，而只是选择沉默地彼此陪伴，试试看，也许你能感受到这沉默中蕴含的爱与安心，并在这其中看见自己。

第五章
再努力一点点，就可以过上想过的生活

曾经无数次设想，我生活的地方应该是远离尘嚣的地方：房子不一定很大，能够遮风避雨就好，屋内的摆设不一定要多豪华，食有粥，饮有茶，房前有花，屋后有树，就好。

第一章

请你温暖，无论这世界多冷漠

你曾以为有些事，

不说是个结，

揭开是块疤，

可当多年后你揭开疤，

也许会发现

那里早已开出一朵花。

远离喧嚣，在世界之外静默生长

你问我这个时代需要什么，
在别人喧嚣的时候安静，
在众人安静的时候发声。
不喧嚣，自有声。

生活在都市里的人，大多是以隐忍的姿态在红尘中行走和生活，不管是成功的大人物，还是生活在底层、谨小慎微的小人物，生活中的烦恼多数是大同小异，生活中的快乐却不尽相同。

生活就像一个看不见硝烟的战场，稍有不慎，就会满盘皆输。没有时间快乐，是大多数都市人的通病，紧张忙碌的生活，竞争激烈的职场，人事关系的庞杂，居高不下的物价，每一样都让人抓狂，每一样都会把心塞得满满的，无暇顾及其他。这种时候，我们不妨给自己开一份快乐清单，理顺一下快乐的方向。

常陪父母吃饭。

不知道你计算过没有，如果你在外求学，或者在外工作，抑或结了婚，有了自己的小家庭，恐怕陪父母吃一顿饭都是奢侈的事情。其实你不妨算一下，如果你一个星期陪父母吃一次饭，一年是 54 次。如果你一个月陪父母吃一次饭，一年是 12 次。如果你半年陪父母吃一次饭，一年是 2 次。如果按照这个逻辑推算下，余生还可以陪父母吃几次饭？也许你会说，我天天都可以陪父母吃饭，那么你更应该好好珍惜，因为那是你的福气。

每年之中至少安排两次旅行。

旅行是愉悦身心的事情，大约每一个人都会喜欢，人毕竟是自然之子，虽然现代文明已经让我们忘记了我们的原始属性。回归自然，让心灵赤裸，没有一丝一毫伪饰，是愉悦身心的最佳途径。一年之中可以安排两次旅行，如果条件允许，可以去远一点的地方。如果条件不允许，那么也可以就近。就其结果，其实都是一样的，我们的目的就是想放松和调节紧绷的神经，以便更好地投入到生活和工作中去。

经常和爱人一起在晚风中散步。

只是想一想那样的情景，想必就会很沉醉。晚风轻轻拂面，花儿都开好了，鸟儿都睡着了，你和爱人手牵着手，在花枝遮掩的路上一起散步，夕阳把你们的剪影拖得长长的，踩着细长的影子，两个人低低私语，说一说高兴的事儿，也可以说一说不开心的事儿。

下雨天窝在床上看书听音乐。

下雨天或者下雪天，总会让人生出抑郁的情绪，那种时候，我喜欢窝在床上，看书或者听音乐，专注于一本自己喜欢的书，或者倾心于一首自己喜欢的音乐，抑或什么都不做，听一听雨叩窗棂，看一看雪舞大地，那种时刻，是放牧心绪的大好时光。

和三两知己喝茶聊天。

每一个人都需要朋友，谁都不例外，有朋友的人生不寂寞。朋友不在多，三两个知己足矣，一起喝喝茶，一起聊聊天，那是人生之中最大的享受。当然，若是一时间找不到适当的人相伴，那么一个人，对着一杯清茶或咖啡，想一想心事，也不错。

寻找美食。

最朴素的一句话是：民以食为天。可见"食"之一字，人生头等大事也。有一段时间，身体有恙，食欲不振，于是看见能吃、对美食保旺盛欲望的人，心生艳羡，那是一个人蓬勃的生命力的见证，也是一个人的热爱生活之心。

热爱运动。

运动能够产生一种快乐因子，所以人在运动之后，会保持心情愉悦，精神亢奋。快走、慢跑、跳绳、游泳等等，很多种有氧运动，总有一款适合你，还等什么？快点动起来啊！坚持运动，慢慢地你就会喜欢上这种生活方式。

多和孩子待在一起。

孩子的世界是纯真和透明的，孩子脸上的笑容是这个世界上最美丽的花朵，是这个世界上最温暖的光明，多和孩子待在一起，会让你保持童真，会让你的心态年轻，会让你远离功利，远离欲望和尔虞我诈。

多和植物待在一起。

如果有时间，可以去郊外走一走，看看果树开花的盛况，听听庄稼拔节的声音，看看蔬菜青幽的长势，那些绿色的植物，一直很安静地在你的世界之外，默默地生长着，会让你觉现世安稳，岁月静好。

多回忆曾经爱过的人、事、物。

有人说，只有老去的人才喜欢回忆，其实不然，烦恼的时候，不开心的时候，经常回忆一下当初爱过的人，喜欢过的东西，记忆深刻的事情，并不能说明你老了，只是让那些美好的瞬间，一遍一遍在记忆里绽放，曾经的心动，曾经的喜欢，曾经的热爱，是多么的美好，那是传递给我们生存下的信念和勇气。

这是我给自己开出一张快乐清单，这只是我个人的视角，如果你不认同，你也可理顺一下你自己的快乐清单，毕竟每个人的视角和阅历不同，对快乐的感观和认识也会不同。

如果生活是一串沾满烦恼的念珠，那么我希望自己是用一种快乐的心态去抚摸生活中的每一颗念珠，在细微的生活中，细细地体验每一种美好时刻，别说自己是一个不容易得到快乐的人，其实每一个人的心都如花瓣一般柔软，有的人落上了一点灰尘，有的人时常拂拭而已。

不必非要倾城倾国色

亲爱的姑娘，请深爱你原本姣好且朴素的模样。

不美丽和丑陋不是一回事吗？当然不是。

不美丽不是你的错，但是若丑陋就一定是你的错。记得多年前，看过一本书，是柏杨先生的《丑陋的中国人》，当时觉得很震撼，所以一直记忆犹新。书中说的"丑陋"，是说中国人长得都不够漂亮吗？当然不是。外表的美丽养眼固然很重要，但毕竟只是停留在一个肤浅的表层，所谓"丑陋"，是指一个国家、一个民族的文明程度，文明是人类进步的一个标志。

具体到一个人的文明程度那就是言行举止，谁会喜欢一个乱丢杂物，乱踏花草，满口脏话，甚至出口伤人的人？谁会喜欢一个自私自利，心灵龌龊见不得阳光的人？谁会喜欢一个表里不一，整天躲在阴暗处算计别人的人？

说一个最小的事例，你会过马路吗？很多人会说，谁不会过马路啊？在世界上很多国家，当一个人要过马路时，指示灯没有亮，会一直在路边等，即使马路上一辆车也没有，也会按照指示灯穿行，这就是文明，这就是一个人的素质标尺。

是谁给我们戴上了"丑陋"的帽子？毋庸置疑，当然是我们自己。只图自己痛快省事，全不顾及他人感受，这不仅仅是自私，这样的行为是带有劣根的丑陋。

一个人存活于天地间，可以选择的事情很多，比如做什么样的工作，交什么样的朋友，甚至可以选择有怎样的未来，但却不能选择生在什么样的家庭，有什么样的父母，长什么样的容貌。

身体发肤受之父母，不管是丑陋还是美丽，都由不得自己，即使先天不足，那也不是你的错。但是，如果一个人的行为不检点，言语粗卑丑陋，那就是一个人不可原谅的错误。

生活在这个世界上，不漂亮不可怕，修心养德，以不妨碍别人为大前提，善待自己，善待家人，善待朋友，善待陌生人是小细节，大前提与小细节完美结合，才会开出一朵美丽之花。

罂粟花是世界上最美丽的花，但它却是丑恶的象征。人们喜欢它，是因为它有美丽的花朵；人们害怕它，是因为它不但充满诱惑而且它的果实有剧毒，所以一般的国花市花甚至人们喜爱的普通花卉中，并没有它的身影。

人毕竟是需要心灵空间、精神愉悦的高层次生物，不仅仅只满足于视觉上的愉悦，更需要心灵的愉悦，所以美丑之别不只是直观上的感受。

人可以不美丽，但不能丑陋。不美丽不是错，可以修心。修心可以弥补长相的不足，让人觉得，即使一个丑陋的人，因为心灵的美丽，人格的魅力，而散发着灼灼的光华。相反，一个人如果行为丑陋，言语粗卑，处处以自己为本位，即使长得再美丽，也会让人唯恐避之不及。

美丽与丑陋，你选择了怎样的人生？

你从来都不知道
你是多么美丽

你从来不知道自己有多么美丽，没有任何形象可以描绘你的美丽。你的王国没有终点。你创造了你的局限、你的欲望和疾病、你的富或你的贫、你的喜悦或你的悲伤、你的生命和你的死亡。

我的一个女友，尽管不是那种用世俗审美眼光看上去的美女，眼睛有些小，而且是单眼皮的细眯眼，鼻子有些塌，而且有几粒俏皮的小雀斑。但我觉得，这些都无伤大雅，局部不影响整体，而且更具有中国传统女性的娴静和优雅。她的小麦色的肌肤，阳光的笑脸以及独特的气质，使她看上去健康而且快乐！闲暇之余，朋友们都喜欢和她一起消闲。

谁知和男友分手之后，她认为都是她不漂亮惹的祸，为此整天郁郁不欢，耿耿于怀。终于咬牙跺脚，下了狠心进了美容院。从美容院出来，她可爱的细眯眼变成了"三眼皮"，以传统的审美眼光标准，双眼皮为美，她却比别人多了一道。她的鼻子也变高了，但是，可怜她标准的东方人脸型，配上了比蓝眼睛大鼻子的鼻梁还高，脸部整体看上去失去了协调。

她掉进了新一轮的苦闷之中，不愿意参加正常的社交活动，怕见人怕见朋友，久而久之竟然患上了抑郁症。

70年代美国著名的乡村歌手卡伦·卡朋特因为过度节食而得了精神性厌食症，导致最后死亡，而女友竟因为整容患上了抑郁症。试想，如果把健康和美丑放在一起，你会选择什么？当然首先选择的是健康，健康是生命之本，所有的一切都是健康基础上的锦上添花。

更何况美丑也没有非常明确的标准，在不同的文化背景、不同的审美看来，有不同的角度，并不是绝对的。西方人和我们的审美就有着极大的差异，在我看来并不漂亮的女人，在那些大鼻子的蓝眼里看来却完全不同。那天开车去机场接人，老远便看见一个老外胳膊上吊着一个中国女人，按国人的审美标准，那女人绝对算不上美。看上去嘴巴太大，颧骨太高，头发太稀，并且瘦得像"麻秆"。可是老外却是喜欢得不得了，很亲昵的样子，隔不久便在她的脸上吻一下。

我要说的，自信、健康、优雅、快乐，其实就是美的。

比如国内有一时装模特儿，按国人的审美，她的长相也算不得美，眼睛极小，可是在时装之都巴黎的地铁站行走时，一位法国老太太气喘吁吁地追上她，只为告诉她一句话：你真漂亮。后来，再从媒体上见到她时，尤其是她解说时装时脸上极自信的神情，健康开朗的外表，看上去果然比先前漂亮了许多。

美与丑其实都不是生活中最重要的，有一个好的身体，有一种健康的生活方式，不吸烟，不酗酒，不熬夜，和喜欢的人在一起，珍惜手里拥有的健康，活得真实、自然，活得有尊严，把手中的日子过得活色生香，即便是丑，也可以换一个角度思维，我不用在大小宴席上抿着嘴，只吃一点点，担心自己长胖，担心自己不够淑女。不用整天猫在家里，躲避阳光，怕晒成黑人，可以尽情地享受生活、享受阳光、享受美食。

如果换一种思维方式，健康的、自信的、优雅的、其实亦是最美丽的，健康的时候，是生命绽放的最绚丽时刻。

你不能抱怨别人，
你要长大，为自己的生命负责

世间已有太多所谓一个群体针对另一群体的仇恨、猜忌、怨怼和暴力，我期望终有一日，这些都将消融于历史的长河中。而我们能不分彼此，果真如同兄弟姐妹一样相互信任，以一颗心来换取另一颗心的相知。

27岁那年，他应聘到一家中资机构任部门经理，这个职位对于他来说显然有些大材小用。因为他手里不但有一张名牌大学的毕业证，还有丰富的从业经验。之所以愿意进入这家公司，他看中的不是职位，而是这家公司金光闪闪的招牌。

一起应聘到这家公司的还有另外一位，姓赵，大家都喊他小赵，也是部门经理，副的，和他共事，但无论是资历上，还是学历上，都比他略逊一筹。

刚开始，一起开会，一起出差，有什么重大的公务，老板会安排他们两个人一起去做，并无明显的轻重之分。渐渐地，他发现老板喜欢让他去做一些小事情，比如验收各个部门的报表、去买劳保茶，甚至老板到外地开会，也喜欢让他随侍。

渐渐地，他心里便觉得窝火，学工商管理的硕士竟然要去管理一些不起眼的小事，这简直是不尊重人才嘛！收报表，明明是秘书的分内事，却要让他来做。买劳保茶有后勤部门，这么没有技术含量的活，也让他来做。还有老板到外地开会，有办公室人员随行就可以了，偏偏让他这个部门经理也混在其中，人浮于事。越想越来气，越想越窝火，这是什么老板啊，简直是老糊涂了，听说最近正在物色人选，接他的班呢！

一起来公司的小赵。处处被老板委以重任，只是业绩似乎并不大理想，前段时间和客户谈的合同，竟然让公司亏了几十万，如果不是有老板兜着，早就卷铺盖走人了。同事们私底下风传。说小赵是老板的什么亲戚，老板偏着他、护着他也在情理之中。甚至有人暗中议论，说老板退休后，小赵是不二的人选。

他听了这些议论，觉得公司像一潭浑水，彻底乱了套，其实只是他自己心中乱了阵，觉得公司对他不公，老板不能识人任用。他不再像从前那样，做什么事情都认认真真、脚踏实地了，心中总是郁结着一堆无法排解的情绪。

有一天下班后，同事们聚餐，他也去了，一帮同事围坐在一起，不知是谁说起老板的不公，用庸才而不用他这个人才，一下子点燃了他内心的导火索，喝了一点酒，他的胆子也大了起来，喋喋不休地说起小赵："小赵凭什么能得到公司的重用？不就是因为他是老板的亲戚吗？论才能他不及我；论学历他也没我高；论水平，他让公司亏了钱……"

酒醒之后已经是第二天早晨，想起前一天晚上的抱怨，他多少有些后悔，但是，说出了那些憋在心中已久的话，感觉轻松了许多，舒畅了许多。

　　不久，公司高层调整。老板找他谈话，他忐忑不安地进了老板的办公室，老板待他依旧如往昔，脸上挂着微笑。老板说："知道你是个人才，本来是想让你脚踏实地地从小事情做起，重点培养，一个连小事情都做不好的人怎么能做大事？你私下里的那些抱怨我都听说了，我只能说很遗憾。如果你将来换了新的工作单位。一定要脚踏实地地从小事做起，别抱怨，抱怨会遮掩你的才气。"

　　他像一朵被霜打了的花儿，低下了骄傲的头，蔫头耷脑地走出老板的办公室，机遇就这样与他擦肩而过。

　　是谁说过。抱怨就是往自己的鞋子里倒水，穿着一双注满水的鞋子怎么能走得快？很多人都爱抱怨，抱怨不如你的同事加了薪，抱怨上司不公，抱怨物价越来越高，抱怨街上车多如蚁，抱怨老婆花钱越来越多，抱怨儿子越来越不乖……

　　当抱怨成了一种习惯，当你把抱怨当成了捍卫自己的盾牌，抱怨不仅仅会晦暗你的才气，还会令你失去亲情和友谊。

每一种好，都该张弛有度

我想在你当初选择放弃时握住你的手，告诉你人心原本是柔软的，被风沙打磨之后固然无坚不摧，却会丧失最初的真诚与温润。这样一条金戈铁马之路，是不允许回头与徘徊的。

一直觉得，做好人就应该做得尽心尽力尽自己所能，这不仅仅是我们从小到大所受的教育使然，也是一个人的良知和底限，是人性中最柔软的善良，驱使我们要做好人，做一个善良的人。

可是很多时候，我们在做一件事情的时候，往往一味求好，结果违背了初衷，违背了当初的出发点，把好事情变成了坏事情。做好人也是一样，如果没有把握住一个度，而是一味地求好，把好人做过了头，其结果也会适得其反。

一个年轻人外出旅行，路遇一位老者。老者精神矍铄，学识渊博，很健谈，两个人一见如故，从天文地理到民俗风情，一路上相谈甚欢。年轻人几乎每年都要去成都，所以对于成都的人文地理自然风貌都很熟悉，他非常热心地给老者介绍起在成都旅游要注意的事项和搭乘的路线，喋喋不休，知无不言。

快下车的时候，老者向乘务小姐打听一家饭店的路线，由于大家说的都是地方普通话，很难听懂，勾通不畅，所以讲了好几次也讲不清楚。年轻人觉得反正那家饭店又不是很远，自己又顺道，于是自告奋勇地说："我顺路，我送你去吧？"

老者仿佛大梦初醒，如醍醐灌顶，一口拒绝了年轻人的好意，他警惕和审视的目光让年轻人很受伤，仿佛那个年轻人早有图谋，一路上的"相谈甚欢"都是为了某种不可告人的目的做铺垫。

其实年轻人真的没有什么恶意和图谋，只不过是做人太过热心，太过热心往往会让人心生疑虑。中国民间有句古话，相信小时候父母都会教我们：害人之心不可有，防人之心不可无。正是防人之心这几个字，让好人很受伤，对坏人却很有用，但是好人与坏人的鉴别却很难，因为谁的脑门上也没有贴着"坏人"的标签。

我想起一个经典的哲理故事。

一个小孩在草地上发现了一只蛹，把它带回了家。过了几天，蛹身上出现了一道小裂缝，里面的蝴蝶挣扎了好几个小时，身体似乎被卡住了，一直出不来。小孩于心不忍，用剪刀剪开蛹壳，帮助蝴蝶脱蛹而去。可是，这只蝴蝶身躯臃肿，翅膀干瘪，根本飞不起来。大自然的道理是非常奥妙的，每一个生命的成长都充满了神奇与庄严，瓜熟蒂落，水到渠成；蝴蝶一定得在蛹中痛苦地挣扎，一直到它的双翅强壮了，才会破蛹而出。小孩善意的一剪，反而害了它的一生。

如何做好人，是每一个人都在修炼的命题，有时候我们是好心办了好事，皆大欢喜；有时候我们也会好心办了坏事，悔不当初。出发点都是一样的，但结果却迥然不同。太过热心，别人会认为你另有企图；太过冷漠，似乎又违背了人类的本性和初衷。做好人也是一门学问，别人需要我们帮助的时候，我们及时伸出援助之手，别人不需要我们帮助的时候，我们不要过度热衷，适度做好人，才会功德圆满。

不是所有的浪漫都代表爱

年轻时，我们要爱、要誓言、要风花雪月，可长大后才开始明白爱需要细水长流方得始终。

17岁那年，你第一次和男孩子约会，之前一天，你就紧张得睡不着觉吃不下饭，心中慌慌的，有如一只小鹿在跳，不知道穿什么衣服他会喜欢，不知道说什么话他会爱听，不知道用什么样的唇彩他会心动，你在左右不定的心绪中，试了衣服又试唇彩，试来试去都下不了决心。

约会地点是在学校旁边的小公园里，你跟父母说学校要补课，这个冠冕堂皇的理由让你可以正大光明地去赴约。

睡不着觉的时候，老是想着他，甚至上课的时候也是盯着他的背影出神，可是当真只剩下两个人的时候，竟然不知道说什么好，他似乎也是如此，低着头，搓着手，只一句你来了？就再也没有下文，你期待他再说点什么，比如想你爱你之类，可是他非但没说，而且一扭头，撒丫子跑了。

你恨恨地跺脚，慢慢转回身，发现老爸神兵天降般站在你的身后，你遂气短，结结巴巴地解释，补课的老师没来。你的声音小得像蚊子，心中的那些小美好小浪漫也顺路逃到爪洼国了。

25岁那年，你第一次带男朋友回家，尽管此前，你已经跟父母做过种种交代，不准难为人家，父母明明答应得好好的，谁知中途变了卦，刁钻古怪的问题一大堆，弄了个十万个为什么让人家回答。

父亲正襟危坐，不苟言笑，一副家长的派头，把人家吓坏了，人家可是老实孩子，哪见过这阵势？

父亲推了推眼镜问他，你有正式工作吗？年薪多少？房子在什么地段？老家在哪里？结婚以后和妞妞吵架了谁先认错？你的父母将来要不要和你们一起住？你打算将来多久回来看我们一次？你有没有家族遗传病……

这类问题像小山一样迅速把他压趴下了，饭吃得很纠结，酒没有喝，酒未足饭未饱，他撂下碗撒丫子跑了，从此再也没来找过你。你急了，打电话问他，他说："你们家哪里是在选女婿啊？简直是在招驸马。"

31岁那年，你结婚三年，都说三年之疼，七年之痒，所以你日防夜防，尽可能地做到防患于未然，别让感情死于疼与痒。可是偏偏事与愿违，问题还是出现了，你感叹一声，人算不如天算啊！

结婚纪念日那天，到了下班时间，你非但没有看到鲜花巧克力，连他的人影也没有看到，于是你决定深入虎穴，侦察敌情。他说加班，要回来晚些，你索性去了他们公司楼下，等他下班。

一直等到天黑，才看到他从办公楼旁边的咖啡屋里姗姗而出，身边居然有一位妙龄女郎，你一下失去了理智，顾不得淑女风范，决定抓他个现行。

刚要说几句难听的话，他似乎明了你的用意，一把拉过身边的女郎说："这是我常跟你说的老姨家的小表妹，前两天刚回国，你过来认识一下。"

你一下子怔住了，以为惊天地的桃色事件，原来不过是自己的草木皆兵，想想都后怕。

35 年那年，你的儿子 3 岁了，居然还不会叫妈妈，他不能与你情感交流，不能与你情感互动，他活在自己的世界里，你以为他患了自闭症，急急忙忙带他去了医院，医生的答案是否定的，你的心才平安放回肚子里。

喜极而泣的你，每天陪着他的时候，总是呆呆地看着他，你不知道用什么方法才能使他与这个世界接轨，你最大的愿望，不是希望他能上重点学校，考清北，当科学家，你最大的希望就是他能像一个普通人一样生活。

后来想想，你最大的幸福，不是买别墅，开宝马，升官发财，甚至不是自己的身体健康，你最大的幸福就是能看到他每天进步一点点。

41 岁那年，你发现爱人的鬓角有了白发，你急急忙忙找到镜子，仔细照了一下，发现自己的鬓边也有了白发，你对着镜子使劲地数啊数，终于数到泪眼模糊，大半生的时光，就那么不知不觉间从指缝间滑落了。

时光不停留，岁月不饶人。

闲暇时光里，你会掰着指头细数生命中那些浪漫的事，那些让你会心微笑的事儿，可是那些不浪漫的事儿却总会不自觉地跑出来，而且跑在前头。

你不再勉强自己，人生之中有浪漫的事儿，就会有不浪漫的事儿，就像没有苦，哪来的甜一样。

浪漫也好，不浪漫也罢，那都是人生路上的结与劫，也因为那些不浪漫的事情，愈发显得浪漫的可贵。

生活浪苦，
但该有它幸福的模样

　　幸福，就像星星一样，黑暗是遮不住它们的，总会有空隙可循。我们要在生活的空隙里寻找幸福，那点点滴滴的生活乐趣，足以让我们幸福一辈子。

　　前两天，一个朋友忽然问我："你买股票了吗？"

　　我有些摸不着头脑，心中暗忖，不晌不夜的，怎么想起股票了？我犹豫了一下说："没买啊！我没有投机的天分，所以老老实实地过着清水煮菜的日子，不敢有发财的梦想。"

　　他说："这两天，股票涨了。"我听得出，他的言语中有抑制不住的喜悦之情。他说："你不知道，我这几年过的是什么日子，买的几只股票，只见跌不见涨，揪心啊，手里的那点积蓄都压在股票上，眼瞅着越来越少，一颗心，像热锅上的小蚂蚁，跑来跑去，都跑不出那个圈子，天天揪着心，日子不好过啊！"

　　我听懂了，他是被股票套牢了。舍不得割肉清仓，在等待解套，在等待大盘由绿走红的日子里，无疑是一种雪上加霜的煎熬。可是话又说回来了，想要发财，煎熬是一种必要的心理素质，想要像我这样过优哉游哉的日子，就必需安贫乐道，心甘情愿地把清水煮菜吃出山珍海味的滋味，才不会受那种煎熬。

　　另外一个朋友，她也被套牢了，不过她不是被股票套牢了，而是被婚姻套牢了。结婚时，大家都很看好他们这一对，因为很般配，男人穷点儿，但工作稳定，人很帅。女孩温婉娴淑，小家碧玉。起初，他们也很幸福，浓情蜜意，温情脉脉，而且有了一个可爱的孩子。

　　后来的戏码就很通俗了，男人事业有成，于是生活中有了小三和小四，这样一个滥情的男人，女人却舍不得割肉清仓，理由是，他穷的时候，自己陪他挨着，现在他有钱了，自己拱手让出去，岂不是很傻？更何况，他们还有一个可爱的孩子。

　　女人说："拖也要把他拖死，让他有生之年别想和小三小四们双栖双飞，这是对他滥情忘本的一种惩罚。"

　　我有些心疼她，她拖住一个不负责任的男人的身体，却套牢了自己的大好年华。一个女人，最好的年华就那么几年，却要和一个不爱自己的男人朝夕相对，互相折磨，想想都是一种悲哀。

　　朋友的朋友，也被套牢了，不过他不是被股票套牢的，也不是被婚姻套牢的，他是被工作套牢的。他简直就是一个工作狂人，没有看到一个比他更卖命工作的人，每天加班到深夜，周六周日不休，当然，他不是为别人打工，他是为自己打工，可是就算是为自己打工，也用不着这样拼命吧？

　　后来，他终于累倒了，住进了医院，可是住进了医院也不消停，把工作搬进了医院去做，医生警告他，再这样下去，会过劳死的。

他笑笑，说他喜欢工作，喜欢赚钱，喜欢银行账户上的数字一天比一天大起来，那样他会很有成就感。

真是让人无语的理由，君子爱财，取之有道，凭自己的劳动换取的钱财，谁都无可厚非，可是，若用透支健康作代价，是不是得不偿失？

生活中，这样的事例很多，被房子套牢，成了房奴。被车子套牢，成了车奴。被孩子套牢，成了孩奴。被微博套牢，成了微博控。被网络套牢，成了网痴。被毒品套牢，成了瘾君子。被金钱套牢，成了财迷。

生活中的很多事情，需要自己去掌控，信马由缰，凭兴趣和爱好一时冲动而放纵，最终总是要被套牢的。蜘蛛结网，是为了套住小虫子，从而成为自己的美餐。而生活也像一张网，被生活套牢，也有被生活吃掉的危险。

别被生活套牢，凡事适可而止，把握一个度。什么叫适可而止？比如有一杯水，若放一勺糖，水是甜的。若放十勺糖，水就变成了苦的，不信啊？不信试试，这是最简单的道理，这就是度。

世界是自己的，
与外界无关

　　我们曾如此渴望命运的波澜，到最后才发现：人生最曼妙的风景，竟是内心的淡定与从容……我们曾如此期盼外界的认可，到最后才知道：世界是自己的，与他人毫无关系。

　　上大学那年，他18岁，从小城一隅的苍凉之地，一步跨入繁华的大都市，眼前豁然开朗。藏书巨丰的图书馆，时尚典雅的咖啡馆，纵横交错的立交桥，高楼林立的城市风尚，到处充斥着现代文明。他有些措手不及，睁着一双孩童般的眼睛，看着这个陌生的世界。原来生活是这么鲜活明亮，这么纷繁多彩，这么美好！原来生活还可以有另外一种过法。

　　一直埋首书本的他，像一个刚刚睡醒的人，低下头看看自己，身上穿着服装市场小摊位上淘来的衣服，脚上穿着来路不明没有牌子的旅游鞋，一口有浓郁的乡音与这个城市一点都不搭调，甚至是格格不入。再看看那些同学，穿着专卖店里的名牌衣服，手里握着手机，耳朵里塞着麦，谈笑风生，神采飞扬。

　　他下意识地缩了缩手脚，心底慢慢滋生出一丝卑怯，原来人和人是如此的不同。

为了缩小心理上的落差，他开始找寻各种各样的借口跟父亲要钱，刚开始，他开不了口，总是吞吞吐吐，父亲急了，骂他："臭小子，有什么事快说啊！想急死我啊？"他狠了狠心说："爸，我的鞋子坏了，想买一双新的。"说完这句，他如释重负，长长地舒了一口气。父亲说："傻小子，就这事儿啊？早说不就完了，爸有钱，别省着，好好念书，身体健康就万事大吉了。"

父亲的要求很简单：好好念书，做一个好人，身体健康，天天向上。如果是以前，他不会觉得父亲的话有什么错，可是现在，他生活在大都市里，看问题的眼光已经不在原来的高度，他在尽可能地逼迫自己靠近大城市的现代文明，贴近时尚的都市生活。

他拿着父亲打进卡里的 200 块钱，买了一双品牌旅游鞋，把脚上的鞋子脱下来扔进路边的垃圾桶里，做这些事情的时候，他眉头都没有皱一下，旧的不去，新的不来。钱不多，只勉强够买一双新鞋，但这毕竟只是改变自己的开始。

同学当中，他是最勤奋的，不是学习，而是打工，做家教、送报纸什么的，他兼了好几份职，可是那点收入，对于他期望的生活还是远远不够的。无奈，他只好一次次地张嘴向父亲求助："爸，我的钱花光了，这一次多给点吧！我闹亏空呢。""爸，我买了一台笔记本电脑，同学们都有，就我没有，所以咬咬牙也买了，你得支援我点。""爸，我恋爱了，从下个月开始，你得给我增加一项恋爱经费。"

如此种种，花样繁多，从刚开始的羞于启口到后来像吃早点一样，成了家常便饭。好在父亲从来没有为难过他，什么时候请求支援，什么时候援助就到。

后来，他喜欢上一个女孩子，校花级别的女孩身边总会有一群追求者，他只是属于远远地看着的那种，为了追求女孩，他去派广告，做短工，可是那点收入，根本不够装点一个女孩子膨胀的虚荣心，他只好扯谎跟父亲要钱。

那年寒假快到的时候，父亲的弟弟，也就是他的二叔给他打电话："臭小子，你能不能不这样没完没了地跟你爸要钱？你就是个败家子，你就是个无底洞，你就是个不长良心的小兔崽子。"他被骂晕了，没好气地对着电话吼："我花我爸的钱，你心疼什么？又没跟你要。"

二叔也急了："我不能看着我的亲哥哥，为了一个不相干的人，搭上半生的幸福，最后再把老命都搭上。"他蒙了："谁是不相干的人？我是他亲儿子。"二叔说："得了吧你！你是我哥在火车上捡的，因为你，他半辈子连个媳妇都没讨到。你断送了他的幸福不说，还索命似的天天追着他要钱。为了挣钱，他去石灰场打工，结果得了很严重的肺病，现在气都喘不匀溜，一口一口的，你的那些狗屁不通的时尚生活就那么重要吗？天天追着他要钱，比讨债的还凶……"

他无言以对，轻轻地放下电话，慢慢萎坐在地上。

灯红酒绿的大都市，很容易让人迷失自己。他像一只蝴蝶，飞过一片美丽的花丛，美丽的花朵、醉人的花香让他迷失了方向，他折翼在物质堆砌的时尚生活里。想起父亲，不到50岁的人，佝佝得像一个小老头，因为他，不停地从一处奔波到另外一处，不停地对他说："儿子，爸有的是钱，不给你花给谁花？"

想到父亲，他的心里一阵一阵地发紧，父亲像银行里的自动提款机，他像一个没心没肺的人，无休止地从里面汲取养分和爱，终于把机器损坏了。

他从地上站起来，泪水在眼睛里打了个转，终于还是落了下来，他心里默默地念着一句话，**有爱的人不会被物质打垮**，他相信自己就是那个心中有爱的人。

没有谁的幸福值得羡慕

一个人总是仰望和羡慕着别人的幸福，一回头，却发现自己正被仰望和羡慕着，其实每个人都是幸福的。只是，你的幸福，常常在别人的眼里。

台湾著名漫画家几米说：一个人总是仰望和羡慕着别人的幸福，一回头，却发现自己正被仰望和羡慕着，其实每个人都是幸福的。只是，你的幸福，常常在别人的眼里。

细想想，觉得蛮有道理，现实生活中，我们总是自觉或不自觉地羡慕别人的生活，都在红尘之中摸爬滚打，其实都是世俗之人，谁也不比谁清高多少。

男人通常会羡慕那些事业上比自己成功的人，也不见得人家比自己聪明多少，可是人家真的成功了，仕途也好，钱途也罢，就算娶个太太都比自己的女人聪明、漂亮、体贴，真是同人不同命啊！摇头叹息之余，人到中年就已经有了谢顶的迹象，这都是思虑过深之故。

女人通常会羡慕那些家庭上比自己幸福的人，也不见得人家比自己漂亮多少，可是人家真的很幸福，孩子乖巧，老公能干，都一样嫁做人妇，人家怎么就那么命好？生活滋润丰盈，衣服比自己多，首饰比自己贵，自己怎么就没有抓一张好牌在手？纠结郁闷之余，眼角额头又多添了几条皱纹。

老人们通常会羡慕别人的儿女有出息，年纪一大把了，当然不会羡慕那些不着边际的东西，老之将至，儿女有出息才是最靠谱的事儿。也不见得人家就比自己懂教育，可是人家的孩子真的很有出息，读大学，考研，读博，留学，回国后身居要职，怎么自己的孩子就是那一个扶不起来的阿斗呢？长吁短叹之余，连白头发都好像掉光了。

孩子们通常只会与孩子们比较，相互羡慕，都是一样的宝贝儿，可是人家上下学坐的是宝马，自己怎么坐的是桑塔纳？都是一样的亲孩子，可是人家的零花钱、压岁钱多得花不完，自己怎么就那么几张薄薄的零钞？愤慨失衡之际，快乐越来越远，眼睛却越来越近视。

我们总是在羡慕别人的生活的同时，过着自己的日子，总觉得别人都比自己幸福，因为我们比较别人的生活时，眼睛总是向上看，参考系数总是最大化，以仰望的姿态，参考那些至少看上去比你幸福比你快乐的人，若这样把自己圈进死胡同，无限抬高底线，逼迫自己就范，承受不应有的烦恼，生活还有什么意思？再说那些看上去幸福快乐的人就真的没有烦恼和郁闷吗？真的值得我们去羡慕吗？

这个问题的答案当然是否定的，生活在人世间，没有谁的生活值得我们羡慕，每个人都是宇宙空间里的小行星，都有自己的预定轨道和生活方式，你不可能成为别人，别人也不可能成为你，你的生活别人不能复制，别人的生活也不可能适合你，过好自己的日子才是最现实的。

那些事业成功的人不见得就没有烦恼，他们要承受比常人多得多的负担和压力，你看到的是凤凰涅槃，飞翔的姿态，你没有看到的是成功过程中的隐忍和磨难，大起大落的戏剧效果，还需要更为坚强的心理承受能力。

那些家庭幸福的女人也不见得就没有困顿，风光鲜活总是在人前，人后一样会因为这样或那样的事情而生气，一样会吵架，一样会有烦恼，你羡慕她的老公能赚很多钱，她却羡慕你的老公体贴能干会烧饭。

千万不要拿自己的儿女和别人比，人生各有际遇，天赋秉赋，因人而异，你羡慕人家的儿女漂洋过海，读大学，做大事，人家却羡慕你的儿女近在咫尺，端汤奉茶，尽孝道，享天伦。

千万不要拿自己的父母和别人比，你羡慕人家的父母职位高能赚钱，人家却羡慕你的父母和蔼可亲，温暖厚道。这世间，很多事都可以选择，而有什么样的父母却是不能选择的事情。

你的幸福，常常在别人的眼睛里，透过别人的眼睛折射出来的光芒，你会看到那些光芒中反射回来的是你的幸福。

就像这世间没有任何两片树叶的纹理是一样的，幸福与幸福也不尽相同，没有一个人的生活会和别人重复，我们在仰望别人幸福的同时，别人也是以同样的姿态回望我们，没有谁的生活值得羡慕，过好自己日子才是重中之重。

有生之年，你过得好吗？

　　每个人都有难言的苦衷。你要学着去体谅，去理解。你没有经历过别人的人生，就不要轻易地去评价。因为你不知道他背后的心酸和艰辛。

　　下雨天，坐在车里，仍然觉得到处湿漉漉脏兮兮的，没有打伞的行人飞奔着跑到廊檐下避雨，飞驰而过的车辆溅起的泥点和水花四散飞扬，天空阴沉沉的，我皱着眉头看着灰扑扑的车窗外。

　　一对小情侣顺着电车道一边走一边说话，共撑着一把伞，不疾也不徐，雨顺着伞骨滴到男孩子的肩上，男孩好像并不知觉，他附在女孩的耳边，不知说了句什么话，女孩偏着头看着她笑。

　　我怔怔地看着，这情这景，久违了很多年，让我想起当年的校园生活。不是生活中看不到这样的场景，而是忙碌的工作，琐碎的生活，让我们的心日渐麻木和迟钝，对于生活中的很多事情都视而不见。

　　他们没有像别人那样飞奔着去躲雨，他们可能也不大富裕，因为没有座驾代步，他们有的，是青春的笑脸和阳光的心态，谁能说他们与幸福无缘？

　　很多细小的微幸福其实都埋藏在生活中，被杂七杂八的物事掩藏得很深，但是，只要我们轻轻地抛光灰尘，幸福便会初露端倪。

收拾旧物的时候，发现一只旧纸盒，里面装满了年少时用过的东西，一朵风干的蔷薇花，一本天青色的缎面日记本，几个折成小星星小船儿的小纸条，几封手写的信，还有踢过的毽子，做过的手工等等，这些不起眼的小东西都是我年少时的宝贝，陪伴我好多年都没有舍得扔掉，是我的微幸福所在。

傍晚下楼散步，看见邻居的老头老太太在小广场上跳舞。晚风轻拂，树影摇曳，夕阳飞霞，他们的舞步很凌乱，他们的舞姿也算不上优美，可是他们却很尽情，很投入。尽管他们的舞步不够飘逸，腰肢不够柔软，可是他们默契的眼神，一致的动作，让我想到我自己，等我老了，也会这样，和他一起做自己想做的事儿。

去超市买东西，车子坏了，只好步行前往，原本有些沮丧的心，在起起落落的脚步中，渐渐舒展开来。那些树，密密匝匝，浓荫蔽日，青翠的绿仿佛要滴落到地上。那些花儿，不安分地探出花墙，使劲地绽放馨香和美丽。一个年轻的母亲，在方砖路上教一个咿呀学语的孩童学走路，她在前方不远的地方，张开臂膀，等着孩子蹒跚走过来。

对于一个没有时间概念的人来说，再不凡的日子也变得和平常没有什么区别，我便是如此。每年的生日从来都记不住，每每过了生日这一天才会后知后觉，后来无意中跟父母说起，再逢生日时，父母便会提前打电话提示我。每每想起，有人那么牵挂我，我的心中便涨满了绵绵密密的幸福。

这样的微幸福还有很多，比如做了一桌子的菜，看着爱人孩子那般捧场，所有辛苦都会烟消云散。种了很久的茉莉花终于结满了累累的花苞，阳台上的那些花草，争奇斗艳，欣欣向荣，心中便会盛满浅浅的快乐。静日的午后或黄昏，泡一杯茶，听时钟滴答的声音从心上走过，想着我还好，我的家人都还安好，心中便会盛开密密匝匝的小幸福。

多一些感知幸福的能力，把生活中那些微小的幸福掰开了，揉碎了，就算和着白开水开下，也是良药一剂。

微幸福像一粒粒细小光滑圆润的珍珠，闪耀着晶莹剔透的光，而一颗善感的心和一双善于捕捉的眼睛就是穿起珍珠的线，用微幸福的珍珠穿起来的项链，那将是天底下最美丽最漂亮的项链，也将是生活中最美妙的事情。

平常人的平常幸福毕竟都是淡而小的，那些细微渺小的幸福都藏于一粥一饭间。惊天动地的大事当然也有，但毕竟不常有，所以把握住生活的微幸福，定格生活中的微幸福，才是真正懂得生活的要义和关键所在。

请把健康当成一种责任

你永远不会知道，健康之于爱你且你深爱的人，意义多么重大。

如果你爱他们，请试着好好爱惜自己。

去医院探望生病的朋友，遇到一个极有意思的人，他也是因为生病住进了医院，病床与朋友相邻。

那天，我和朋友正悄声低语说着话，他把脑袋探过来说："我有急事需要处理，现在出去一趟，我把手机号码留给你，若医生问起，你让医生打电话找我。"朋友一脸严肃，态度坚决地说："不行，肯定不行，你自己去找医生请假，我没有替你代行的权利。"

那个人快快不快地走了。

我疑惑不解。朋友是个极其随和的人，一向都是有求必应，所以人缘极好，今天怎么突然变得这么难说话了呢？问他，他叹了一口气，说："你不知道，你别看他年纪轻轻，还不到四十岁的样子，但却未老先衰，患上心肌缺血，医生这两天正准备给他做心脏支架手术，可是他却一点不配合，住在医院里，把个病房整得像办公室，一会儿这个来请示，一会儿那个回报，下属走马灯似的来来往往，病房里热闹非凡，回公司开会应酬更是家常便饭，仿佛地球离了他就不转了似的。刚才让我替他向医生请假，是因为他自己请不下来，所以想来个强行离开，可是他患的是心脏病，出了什么事儿，我可负不起那个责任。"

我一时无语。

想想也是，人生梦长苦短，几十年一晃就过去了，把工作带到医院里做，究竟是想不开还是真的忙成那样？身体有恙，仍然念念不忘工作，工作真的那么重要吗？因为工作，失掉了健康，淡漠了亲情，甚至失掉了爱情，那就是得不偿失的事儿，因为人活着，毕竟不只是有工作一件事情，事业有成固然很重要，但是因为事业而失掉其他一些东西，就是与人生与理想背道而驰。就像人活着，需要阳光空气和水一样，工作只是人生众多构成部分的一小块，如果把工作当成人生的全部，势必会顾此失彼，付出不应有的代价。有道是：钱是赚不完的，工作也是做不完的，有计划，有条理地去做一些事情，才会事半功倍。

我承认，现代都市，人人都在忙碌，无论是莘莘学子还是职场精英，无论是大人还是孩子，无论男人还是女人，人人都忙着竞争，充电，起得跟鸡一样早，活得像牛一样累，有加不完的班，有做不完的事，稍有松懈，就会被甩出人生的快车道。

人人自危的后果就是超负荷地运转，超负荷地工作，结果透支了健康，透支了人生，透支了梦想，快乐越来越远，抑郁越来越近，再回首，人生已远。

不管是穷人还是富人，不管是一事无成的还是事业有成，也不管年轻还是年老，漫长的人生岁月里，稍息片刻又何妨？人生就是一趟旅程，走累了，歇上一会儿，看看花草，看看蓝天，喝口茶，喘口气儿，因为人生不仅仅只有立正，还有稍息，适当地休息一下，适当地调整一下，然后重新出发，更精彩的人生就在前方不远处等着你。

在悲伤里沉沦，
这只是常人的逻辑

你曾以为有些事，不说是个结，揭开是块疤，可当多年后你揭开疤，也许会发现那里早已开出一朵花。

阳光明媚的午后，朋友约我去喝茶，我欣然前往。

几个月不见，忽然发现她的额上多了一条狰狞的疤痕，蜿蜒如山溪自额上流入眉间，原本清秀美丽的女子，因为这条疤痕变得丑陋起来。我怔在那里，不知道该说些什么好。

她笑靥如花，推了我一把说："不认识我了？"我在心中反复掂量措辞，怕伤害到她，也怕勾起她的伤心事，浅浅地问了句："你这里，怎么了？"我用手指了一下她的眉间。

她笑，朗朗地说："去云南旅游，出了车祸，最直接的后果就是多了这个像月牙般的疤痕。"我叹了一口气，心中多了悲悯，眼睛看着窗外发呆。车如流水，行人如梭，暖阳融融，岁月安好！可是人生在世，一不小心，就会有这样或那样的祸事悄悄地接近我们，而我们却浑然不知。

我安慰她："大难不死，必有后福。更何况这条月牙状的疤痕让你看起来更具有古典美。"我知道这话是多么苍白无力，而且多少也有些违心，可是她是我的朋友，我不能雪上加霜让她更难过啊！如花的年纪，美丽的容颜，忽然就多了一块让人恐怖的伤疤，搁谁都接受不了。

她并没有我想象的那般悲伤和难过，相反倒有一丝欣喜挂在眼角眉梢，我不解地看着她。她像一个俏皮的邻家女孩，狡黠地看着我说："我的快乐不是做给你看的，而是发自心底对生活的感激。在常人的想象里，我应该像一朵枯萎的花，长吁短叹，愁眉不展，在悲伤里沉沦，但这只是常人的逻辑。"

她端起精致的骨瓷杯，轻浅地啜了一口绿茶，接着说："刚开始我也接受不了这个现实，可是后来一想，任何事情都应该反过来想一想，至少我现在比当初想象的状况要好得多，能够行走自如，能够正常地工作和学习。至少我现在还活着，能和亲人在一起享受天伦，能和朋友在一起分享快乐。至少让我学会了懂得珍惜，用捡回来的余生，更加快乐地生活。"

我如释重负，不用再挖空心思地想着如何安慰她，有一丝浅浅盈怀的喜悦，悄悄地爬上心头，像街边花坛里迎风而立的向日葵，摇摇摆摆的，都是浅浅的喜悦。

很多时候，我们会把那些意外发生的错误和灾难造成的后果，毁灭性地惩罚自己，甚至心甘情愿地沉沦其中不能自拔，很少有人会像她一样，从最坏的结果里面看到希望的端倪。

想来很多人都没有那样的悟性，会被生活中的一些意外打个措手不及，会被一些或大或小的事情左右心情。升职无望，除了抱怨还会跑去酒吧借酒浇愁。和恋人分手，除了失望还会觉得是世界末日。偶尔生病，除了怨怼，也会觉得生活亏欠你太多。

其实很多事情并不是像想象的那么糟糕，换一种思维方式，换一个看问题的角度，会发现很多事情根本不是当初想象的样子，所谓横看成岭侧成峰。

我不会开车，有事偶尔会去坐公交车。有一次在车上，看见两个外地口音女孩儿在争论一件事情，两个人对着一张城市地图比比画画。

原来她们是想去一个著名的旅游景点，结果乘车时，因为路线不熟悉，坐了反方向的车。我以为这两个女孩一定会懊恼，赌气，吵架，抱怨，谁知其中一个安慰另外一个说："错就错了吧！我们不熟悉这个城市，刚好趁机浏览一下城市风光。"

我的心温柔地动了一下，如果把一个错误衍生出另外一个错误，那一定是蠢人的行为。**如果把一个错误衍生出一个美丽的结局，那一定是充满生活智慧的人。**

看着两个女孩对美丽的城市风光指指点点，我的心中被浅浅盈怀的喜悦填充得满满的。一个写字的朋友告诉我，他喜欢"浅浅盈怀的喜悦"这句话，是的，其实我也喜欢。

浅浅，是一种境界。喜，是平常人都会有的一种情愫。悦，则有一种被恰好击中的快乐。心中常怀喜悦，快乐才会肆无忌惮地绽放。把错误衍生出美丽，更是一种生活的智慧。很多时候，错误并没有人们想象的那么可怕，问题是如何把生活中的小错误，演绎成一种美丽的结局，这才是至关重要的。

你唯一能把握的
是变成最好的自己

卢梭说："大自然塑造了我，然后把模子打碎了。"这话听起来自负，其实适用于每一个人。可惜的是，多数人忍受不了这个失去了模子的自己，于是又用公共的模子把自己重新塑造一遍，结果彼此变得如此相似。

小方和小赵是一对要好的朋友，两个人无所不谈，每次见面都会找一个地方侃大山。他们常去街角的一家茶馆，手里握着一杯香气袅袅的绿茶，然后满嘴跑火车，侃人生，侃理想，侃愿望……

小方跟小赵说起自己的读书计划和写作计划。有一段时间，小方的理想是当一个作家，一个伟大的作家，因此，他列了一个非常详细的读书计划和写作计划。

小赵几乎是怀着无比崇敬的心情，听小方饱满而富有激情地演说。小方亦被自己的情绪感染，仿佛这个绮丽的梦想很快就会实现。得意之时不忘问小赵，将来，你想做什么呢？小赵听了，惭愧地把头埋在胸前，眼睛看着茶杯里起起落落的茶叶，搓着手说："我的愿望只是开一间小小的快餐店，挣一点点钱，给父亲和我自己安定的生活。如果那样的话，父亲就不用再在风里雨里，站在街角等着给人家修自行车。每天早晨，也不用再风里雨里挨家挨户给人家送报纸，只为挣取一份昂贵的都市里的生活费用。父亲的腿不好，站在风雨里，我感觉锥心地疼。"说到后来，小赵的眼睛里，有了一种亮晶晶的东西。

小方听了，笑出声来，说："你这叫什么理想，解决温饱只是每一个人活着的必需，这怎么能算理想呢？"小方轻视的笑声，硌疼了小赵的心，他看着小方，一脸认真地说："是真的，我真的这么想的，我要挣一点钱，解决眼下的生存问题。"

一年之后，小方早已放弃了当作家的梦想，写作是寂寞枯燥的事情，而且要有恒心和耐心，这正是小方所欠缺的，何况他写出的字也未必字字如金，因此，小方有了新的理想，做一个新型的知本"资本家"，风光体面，有了资本的原始积累，可以更投入地享受生活，更何况资本积累的过程，是一个刺激而冒险的过程，更接近他最初的想法。

见到小赵，小方把自己的目标，着眼点，可行性分析，以及对未来的预测，一一说给小赵听。小赵惊奇小方的想法和定位，他拍着小方肩膀说："好好努力，你一定会成功的。"小方更加兴奋得找不到北，问起小赵的快餐店进展得如何了？小赵有些黯然，说已经开起来了，只是没有赢利，一直在勉强维持着。

时光易逝，白驹过隙，一晃几年过去了，在一次同学聚会上，小方见到小赵，他不再是当年那个一说起理想和愿望，就低下头搓着手的羞涩男孩，而是开着一辆黑色奥迪的年轻男人。他变得口齿清晰，思路敏捷，充满自信。古人说，士别三日，当刮目相看，何况小方跟小赵分别好几年？

短短的几年时间，小赵已经从一间小小快餐店的小老板，成为一个拥有十几家连锁店的饭店老板。而小方的新型的知本"资本家"的计划书，仍然静静地躺在他的写字台上睡大觉，没有为那一本计划书做一点切实地付出，那一晚，不知为什么，小方觉得空前的郁闷，想起青葱岁月里，那些吐沫星子乱飞、满嘴跑火车的时光，自己都做了些什么呢？蹉跎虚耗，天天在脑子里想着，心里装着，暗中盘算着，就是懒得动手把计划付诸行动。

聚会结束后，小赵看到小方闷闷不乐的，拍着小方的肩膀说，如果想改变自己，什么时候都不晚、人最重要的就是要找到一个着眼点，然后为了这个目标坚持不懈地努力。

小方忽然想起央视著名节目主持人敬一丹也说过这样的话，人想要改变自己，什么时候都不晚。她正是以这样的信念，在33岁那年走入中央电视台，成为一名著名的节目主持人。

小方看着小赵渐渐溶入夜色的背影发呆，想改变自己，就从那本不切实际的新型的知本"资本家"的计划书开始修改，找准切合自己实际情况的坐标和方向，生活不会亏待任何一个人，停留在原地的人，梦想永远只是一个泡影，向前走一小步，就是成功的开始。

他人的美好，你应妥善收藏

生活是一出无常悲喜剧，我们在其中跌跌撞撞、爬摸滚打，在这个过程中，痛苦与欢愉往往只在一线之间。

生活中，我们常常会抱着一种挑剔的眼光去看待人和事，弄得别人不愉快，自己也不见得就高兴，其实，大可不必这样，换一种方式，换一个角度去看待人与事，往往会得到不同的结果。

欣赏别人，是生活中一种最基本的姿态，是一种美德，欣赏不是盲从，而是遵守最基本的做人底限和道德判定标准。

有一个朋友小赵，是一个身材矮小其貌不扬的人，加上大学时阴差阳错地念了矿业地质专业，毕业时，大部分同学都兴高采烈地去了理想的工作单位，唯有他，这个在我们看来有些走背运的人，没有背景，又没有门路，只好放弃了所有的关系档案，应聘去了一家德资公司。

当时他的举动，在大家看来无疑是疯狂和不够理智的，大家都在等着看他的笑话，看他怎样从气派的德资公司灰头土脸地打道回府。谁料几年后朋友们的聚会上，小赵是第一个开着宝马车，携带着如花女眷来参加的，很多人都面面相觑，这个当初并不被大家看好的垃圾股怎么就摇身一变，变成了绩优股了呢？从此后大家都对他刮目相看，意外，太令人意外了。

有好事者纠缠着问其秘籍，小赵坦言，就是要学会欣赏别人，从不同的角度欣赏别人，肯定别人。同一个问题，一千个人会有一千种看法，但都要从善意的、欣赏的角度出发。

在单位里，与同事领导相处，要用欣赏的眼光，要用诚意打动别人。刚上班那会儿，单位里有一个漂亮的女人，很有些背景，心高气傲，一般人不放在眼里。同事们都怕与她相处，偶尔她有点小错，同事们都踩着她的小尾巴不放松。有一次她写的工作计划，有一个地方有明显的错处，大家都发现了，却谁也不吭声，等着她报到上司那儿挨训。唯有小赵不扬沙子，用欣赏的口吻肯定地说："如果是我做的计划，还不一定能赶上你呢！"漂亮女人找到台阶赶紧下来，面红耳赤地对他点头致谢。她摆脱了尴尬的境地，他也赢得了大家的尊重和上司的好感，所以公司有升职的机会，大家第一个想到的就是他，几年之后，他凭借着良好的人际关系和不凡的才华升任为公司的副总。

在家里，与家人相处，更是一门学问。有一次出差，路过老家，回家看望父母，一脚门里，一脚门外，竟然听到父母在争执。他推门进去，父母不知所措地愣在那里。然后就当他不存在一样互相埋怨，老妈说："都怪你，让我在儿子面前丢丑。"小赵听了，笑了起来，说："从小到大都听你们在争执，我理解为这是你们独特的沟通方式，而不是吵架，听不到我还不习惯呢。"一句话化解了老人家的"战争"。

妻子有外遇的时候，他也没有像别人那样，找第三者决斗，或者和妻子大打出手。而是心平气和地拉过妻子的手，握在手心里说："有别人喜欢你，我很高兴，这证明你很优秀，很漂亮，很有女人味，当然了，也说明我老赵的眼光不错。"他的话让女人热泪盈眶。一场不见刀光的爱情战争，就这样让他不动声色地消灭在褴褛之中。

再比如对待妻子的唠叨，有的男人会不堪忍受，在外面躲避不肯回家。其实反过来想想，听妻子唠叨，实质上是一种幸福，因为她是因为关心你爱护你，才会在你跟前唠唠叨叨，不洗脚不准上床是帮你讲卫生。不许存私房钱是怕你犯错误。不让你吸烟是因为气管不好，老咳嗽。衣服太脏，是让你常换。学会欣赏女人的唠叨，因为爱你才管你这管你那，不爱你了也就不唠叨了，也就成了路人。

一个赞许的眼神，几句肯定的话，一个不经意的笑容，在你欣赏的态度里，或许会改变一个人一生的命运走向。对待身边的人，就像欣赏一篇美文，一段美妙的音乐，或者美文与音乐本身还有不足的地方，还有许多的毛刺，但我们可不可以不用审视和挑剔的目光，多些耐心和包容，用欣赏的目光看别人，用审视的眼光看自己，让欣赏别人的目光盛开为世上最美丽的花。

愿你拥有如此淡然情愫

"得意淡然，失意坦然"，说来容易做时难。有人追求名利一辈子，最后才发现得不到心灵的幸福。所以有时候，淡然是一辈子的努力活。

临近毕业，很多同学都在为工作上的事儿奔波，他也不例外，星期天跑人才交流市场，搜集报纸上的招聘信息，希望能找到一份比较理想的工作。

可是带着简历，一家家地跑，招聘单位常常摇头，理由是没有工作经验，他有些泄气，刚刚毕业，哪里来的工作经验呢？

他是学模具专业的，这时候刚好看到一家日资的模具公司招聘设计员，要求懂日语，本科以上学历，两年以上工作经验。对照自己，除了没有工作经验，其余两项都符合要求。犹豫再三，最后还是决定去试试，他不能轻易放过每一次机会。

于是怀里揣着一份制作精美的个人简历和一颗惴惴不安的心，一路找到这家日资模具公司，负责接待他的是一个女孩，用日语开始简单的问话，好在他一直选修日语，还算流利。杜小姐用日语告诉他，没有工作经验，是不可能被录用的，不必浪费时间了。这么快就有了答案，连面试的资格都没有，还没有试一次就败下阵来，他心有不甘，像掉进冰窖一般。

他在心里问自己，再给自己一次机会，即使不成功也不会损失什么的，这样一想反倒释然，转身又回到那个女孩面前，她充满疑惑地看着他问："怎么又回来了？"他只好硬着头皮说："让我试一次好吗？我不能再失去这次机会了。"女孩为难地说："可是你没有工作经验，简历送进去，我会挨骂的。"他不死心，死缠硬磨："我的未来和前程此刻就在你的手里，给我这一次机会，无论成功与否。"

那天，他就那么一直和她说下去，一直到她同意为止，此前他一直不知道自己的口才还这么好。

老板是一个三十多岁的日本男人，戴眼镜，看他的简历看了足足有五分钟，然后问他从事了几年的模具设计，他坦诚地说："我没有工作经验，但是只要公司给我三个月的时间，我绝对不会让公司失望。我会努力工作，愿与公司共进退。"他看见这个日本男人的眼睛在镜片后面亮了一下，他以为事情会有转机，但老板只是说，回去等通知吧。

三个星期后，很多同学都如愿以偿找到了工作，可是他却一直在按兵不动，就在他已经绝望，不再抱有任何希望的沮丧时刻，那家模具公司的杜小姐打电话来，通知他下个月一号去上班。他心中一阵狂喜。

幸运之神终于照耀到他的头上，公司录用他，不是因为那张简历做得多么漂亮，而是因为那张图纸和他的坦诚，起了决定性的作用。

他非常珍惜这次来之不易的工作机会，一方面他工作上努力认真，一丝不苟；另一方面不断地给自己充电，补充新的知识，积累专业知识，只要找到真实的自己，为自己的目标不懈地努力和付出，就会有人懂得你、欣赏你。

别轻易否定自己，多给自己一次机会，补上临门的一脚，才是至关重要的。

职场第一课让他感触颇深，只要不要轻言放弃，就意味着有一张入场券握在了手中。

太阳总是新的，每天都是好日子

在一往情深的日子里
谁能说得清
什么是甜　什么是苦
只知道　确定了就义无反顾
要输就输给追求
要嫁就嫁给幸福

　　一连病了若干时日，平常一起嬉笑玩闹的狐朋狗友一下子消失得无影无踪，想要说说话聊聊天，一个都抓不到，身边安静了许多。病中善感，顿觉人情冷暖，令人心灰。

　　一天傍晚，正捧着闲书埋头苦读，忽有朋友打电话来，轻轻地问了一句，你好些了吗？要不要我去看看你，顺便给你带些药过去？我怔在那里，眼睛渐渐湿润起来，有一份感动从心底渐渐升起。

　　其实也不过是一次小小的感冒，拖得时间久一点而已，朋友的一句普普通通的问候，忽然让我觉得生活很美好，有朋友记挂着，毕竟是幸福的事儿。

　　结婚久了，他天天在我耳边聒噪，让我感到厌烦不已，什么过马路要当心汽车不长眼睛，买东西别被心狠手辣的商家宰空了钱包，遇到帅哥谈什么都可以，但千万别谈情，等等，事无巨细。我没好气地回头凶他，当我是三岁小孩呢？我有这么弱智？忽闻单位派人去外地出差公干，我抢了差事，像一只出城的小鸟，兴奋地拍着翅膀逃离他的身边，心里庆幸终于可避开他数日。

刚开始的确觉得像回到了单身的自由时光，不用听他的唠叨，一个人自由自在的，像神仙一样，这样的日子不知不觉就过了一周。可是一连数日没有听到他在耳边絮叨，又觉得像少了什么东西。一个人躺在不是家的房子里，委屈得像被大人丢掉的小孩子，正在生闷气，忽然接到他的电话，说天气预报说夜里降温，切记加衣。抱着电话，喜极而泣，觉得能听到他的唠叨是一种幸福，他的唠叨像生活里开出的花朵。

久不回家，回到家里，母亲顾不得跟我说体面话，跑到厨房里，用温火煮了绿豆粥，软烂黏稠，飘着香味，和小时候吃过的一样。又做了小菜，雪里蕻拌豆腐，切了细碎的葱花，淋了香油，白绿相间，不用说这颜色好看，只说这香味直往鼻子里钻，知我者母亲大人也，这些都是我小时候百吃不厌的美食。

在绿豆粥飘来袅袅的香味中，我故意稀里呼噜吃出很大声，在母亲跟前不用做淑女，不用担心母亲会不喜欢。因为母亲大人此时正在餐桌对面欣赏着女儿不雅的吃相，在母亲的眼里，狼吞虎咽是对她厨艺的最大赞美。

用什么尺子量幸福？已经很成功的男人还想更成功，已经很漂亮的女孩还去做美容拉皮，孩子已经很乖了还在苛责他不努力，老公已经很棒了还在埋怨他挣钱少，用这样没有底限的尺子量幸福，你一定会觉得不幸福，相反还会被贪婪和欲望折磨得心力交瘁。

幸福是一个很模糊的概念，每个人的心目中，都有一个衡量的尺度。生活的经历让我们懂得，摆平心态，把握住现在，把握住此时此刻才是最重要的。珍惜和家人在一起相处的时光，珍惜得来不易的工作，庆幸自己有一个健康的身体，把生活中那些温暖的一点一滴雕刻到生命里，用一把感恩的尺子量幸福，幸福才会常驻心中。

小抑郁来袭时，
不妨阿Q一下

别伸手去够那些踮着脚尖仍然够不着的东西，别被繁华的都市生活迷了眼睛，别在强大的磁场中迷失了自己，别让理想偏离了轨道，全情出演你自己，还有什么可抑郁的？

现代都市像一个巨大的齿轮，一环扣一环，滚滚向前。每个人都是城市这个庞然大物上的一个小齿轮，位置精准，坐标精确，咬合到位。如若不小心出了差错，后果可想而知。紧张忙碌的生活，竞争激烈的职场，不能懈怠，不能喘息，甚至不能生病，任何的一点偏离都会出现意想不到的后果。

每一个都市人都生活得很辛苦，不管是有钱的还是没钱的，没钱的为钱奔波，抱怨物价长得太快。有钱的为钱烦恼，日夜担心这钱别被人算计去了。学生从小学一年级就开始担心，大学毕业后找不到工作怎么办？就连全职太太也在担忧，如果自己的位置不幸被小三竞争上岗，连一平米的房子都分不到，将来如何是好？还能不能将自己全身心地交付给家庭和男人？

每一个都市人都很忙，忙到没有时间寂寞，忙到没有时间生病，忙到没有时间休闲。忙着学习，忙着充电，忙着工作，忙着找钱，忙得昏天暗地。如果你问人家，寂寞吗？被问的人，一准笑话你：脑子进水了还是抽筋了？谁有时间寂寞啊？忙都忙死了，那是小资们小清新们才干的傻事儿，对花感叹，对月长吟，对风流泪。

没有时间寂寞，不代表不会抑郁。

也许是午夜，月华如水，四周静寂，偶有虫鸣犬吠，一个人在灯下看书或上网浏览的时候，有一种叫抑郁的情绪忽然来访，没有防备，措手不及，正好撞了个满怀。老僧入定般傻傻地坐在那里，忘记了手里的事，只觉得丝丝缕缕都是惆怅，绵绵密密都是心烦，跌跌撞撞地爬上心头，抵挡不住抑郁来袭。

也许是午后，阳光铺满一屋，窗外滚滚红尘，窗内静谧安宁，手里正忙碌着什么事情的时候，抑郁不请自来，没有心情做事，烦躁不安。不见得人家比自己多努力，却比自己升职快。不见得人家比自己多勤快，却过得比自己幸福。缠在一大堆的不甘心里，满满都是结不开的心结，其实"不见得"这三个字的背后才见真功夫，而我们往往只是与自己较劲。

也许是黄昏，人流如潮，行色匆匆，裹胁在人群之中，脚步纷乱地赶往某一个地方，忽然就会有一种叫孤单的感觉潜入心怀。越热闹的地方越孤单，这是现代人的通病，内心世界有一个小小的死角，门窗紧闭，别人进不来，自己也走不出去，这叫提防，这叫安全感，极度缺乏安全感的人必然会深度孤单。

深度抑郁那是抑郁症，是一种疾病。小抑郁只是紧张的生活工作压力之下，一点小小的不开心，一点小小的不快乐。这种时候，千万别硬挺着，放下手里的事，和家人一起去旅行，去一个陌生的地方，吃小吃，看风景，逛民俗，把不开心不快乐小抑郁都丢到沿途的旅程中，回来的时候，打开行囊，会发现，背包重了不少，心情轻松了许多。当然也可以选择听听音乐，选择一些轻快美妙的音乐，泡一盏清茶，一个人闭着眼睛，轻斟慢品，把烦恼忧伤和莫名的心事不着痕迹地化解掉，当然，必要时也可以号几嗓子，也可以得到缓解和释放的作用。最不济也可以找三两知己好友聊聊天喝点小酒倒倒苦水，聊聊爱人的婆婆妈妈琐琐碎碎，聊聊孩子的调皮捣蛋不听话，聊聊上司的近乎苛刻不近人情，或者聊聊明星八卦娱乐大众。

都市生活看上去五光十色，流光溢彩，活色生香，其实生活在都市里的人都知道，生活的真实含义是什么。首先是生，把生命延续下来，这是本能。然后才是活，这个"活"字含义可就深远了，说是怎么活都是活，**其实每一个生活在都市里的人都为了活得更好而活。**

上司有了情人你别羡慕，朋友住了别墅你也别动心，好友当了大官你也别流口水，不是吃不到葡萄说葡萄酸，谁比谁幸福还不一定呢！

　　抛开小抑郁，重新定位自己的人生坐标，别伸手去够那些踮着脚尖仍然够不着的东西，别被繁华的都市生活迷了眼睛，别在强大的磁场中迷失了自己，别让理想偏离了轨道，全情出演你自己，还有什么可抑郁的？

　　小抑郁来袭时，请对自己说：我很快乐，我很开心，我生活得很好，暂且阿Q一下又何妨？

即使是一只土豆
也要全情出演

对生活认真的人，生活对他认真。

小剧场里演实验话剧，尽管观众很少，属于非主流的小众品味，可是仍然没有人喜欢当群众演员，舞台上的灯光和台下观众的目光永远只留给台上的主角，再不济还有配角，谁会把目光留给一个没有名字的群众演员？

梅子是这种小众话剧的狂热者，可是她从来没有演过主角，都是在一些三四流的小角色晃荡，假期回家，跟我诉苦，我笑了，安慰她，喜欢就好，有什么可抱怨的？只要喜欢，哪怕是一只土豆，你也要演好，也不枉你喜爱一场。

梅子愣怔地看了我半晌，像是问我，又像是在问自己，努力演好一只土豆？一只土豆？

我点点头，是的，是土豆。

记得小时候，在学校里排演童话剧，我演的不是仪态万方高贵无比的公主，也不是英俊潇洒阳刚帅气的王子，甚至不是大森林里的一只小动物，比如聪明机敏的小白兔，狡猾多端的红狐狸，甚至不是果园里又香又甜的大苹果，娇小可爱的小草莓，而是公主路过田野时，一半埋在泥土里，一半裸在阳光下的小土豆，一只身上沾满了泥土，头上顶着两片绿叶的小土豆。

我沮丧得无以复加，我从来没有想过，自己会演一只呆头呆脑、既不好看也不好吃的小土豆。回到家里，我好几顿没有吃饭，害怕父母问起我演的角色，害怕同学们嘲笑的目光和同情的话语，我觉得自己很低，低到尘埃里，是花间的一粒浮尘，是汪洋大海中的一个水分子，是人海茫茫中一个最不起眼的小生物。

我哭了，悲伤像潮水一样袭来，我不能接受平凡得像一只土豆的自己，哭得很伤心。擦泪的间隙，母亲问起，为什么哭啊？是沙子迷了眼睛？是被老师批评了？还是受了同学们的欺负？我支支唔唔，答不上来，被母亲追问得急了，只好实话实说："我被老师安排演一只不会说话的小土豆，我不甘心，我不想演，凭什么我只能演一只小土豆？"

母亲笑了，说："有什么好不甘心的？演一只土豆又如何？只有小演员，没有小角色，能把平凡朴实的小土豆演好了，也是你的本事。要学会在热闹喧哗的地方，安静地做着你自己，不被世俗所左右，不被别人的目光所牵绊，做自己想做的事，做自己能做的事，做自己该的事，这才是你的本分，这才是我的宝贝女儿，在我的心目中，我的女儿是最好的，最优秀的。"

母亲的话，多年后我仍然记得，何时何地都不敢忘怀。

工作之后，有一度，做一份不大喜欢的工作，天天加班，薪水却很少，最重要的是上司并不了解你，甚至在很多地方曲解你，于是整天心神不宁，郁郁寡欢，没有心思工作。想起母亲说过的话，就算做一只土豆，也要做一只最优秀的土豆，所以我一直把那份工作坚持到最后，没有出过一点纰漏。

人这一生会演很多个角色，为人师友，为人儿女，为人妻夫，为人同事上司和下属等等，每一个标签都是一个社会角色细化的分工，让我们在这个大背景下找到自己的位置，不管是公主，还是王子，不管是小白兔，还是大苹果，不管是小草莓，还是小土豆，无论这个角色多么不起眼，无论这个角色是什么，我们都要倾尽全力，**演好自己，这才是人生的本分，至少将来回忆起来，我们都不会后悔，因为我们曾经是那么用心、那么尽力地做一只土豆。**

小土豆，大角色。

在浮华功利的现实生活中游走，能够清醒地认清自己，把握自己，实在不是一件很容易的事，能够演好一只一半在泥土里，一半裸露在阳光下的小土豆，不需要技巧，只需要一个智慧的头脑和一颗有定力的心。

第二章

其实，我们都在被这世界温柔地爱着

你不能用一个青春的时光悼念青春，

再用一个老去的时光害怕老去。

在最好的时光，

请尽可能用尽你所有

去做一件事情，

去爱一个人。

够得着的幸福才是你的

别给自己找太多放弃的理由，因为比你好的人还在坚持。而这个世上所有的坚持，都是因为热爱。祝我们再遇见，都能比现在过得更好。

生活中常常会有一种错觉，总觉得那些得不到的东西才是最好的，总觉得那些够不着的东西才是最想要的。被这样一种错觉左右着，我们总是在不停地仰望，不停地寻找。仰望那些看似离我们很近，但实际上却并非唾手可得的东西。寻找那些可望而不可即的东西，如镜中花，水中月。

仰望那些够不着的东西，实际上是一种煎熬，倘若你想要的东西，就是那个高高地挂在树梢上的果子，即便你踮起了脚尖，即便你搬来了梯子，即便你找来了长长的竹竿，仍然够不着那枚挂在树梢上的果子，你会做何打算？选择放弃还是选择继续？

生活在红尘中的人，都会遇到那枚高高地挂在树梢的果子，聪明的智者会绕树三圈，够得着就摘下来，够不着就想想办法，实在够不着就选择离去。那些贪婪的笨蛋会在树下左三圈右三圈，够又够不着，走又不舍得走，被折磨得精疲力竭，最终倒在树下伤心欲绝。

一种可能，树梢上的那枚果子，是你真心想得到的。还有另外一种可能，就是树梢上的那枚果子，并不是你必须得到和最想得到的，可是别人都有，你就想拥有，所以想尽办法，哪怕被折磨得精疲力竭，哪怕被碰撞得头破血流，得到是你唯一的选择和目的。

这种时候，往往还有另外一种可能，不知道你想过没有，很多事情并不是你努力就能做成的，还要看天势地利人和，要看自身的条件，**多方面条件都成熟的时候才能可能达成你的愿望。**

人生就像一场长途旅行，在这场旅行中，我们都会遇到很多人事，会遇到美丽的风景，会遇到很多想要或者不想要的东西，譬如鲜花美酒和掌声，譬如沮丧抑郁和绝望。贪心的人总想把所有的东西都据为己有，从不会想到，东西太多自己是否能拿得动。**豁达的人总是选择自己最需要的东西，简单快乐才是好滋味。**

倘使树梢上的那枚果子就是幸福，我希望去触摸那枚够得着的果子，而不是高高地挂在树梢的那枚。也许你会说，够得着的果子早被别人摘走了，那你就错了，因为每个人都有自己够得着的果子，也就是自己够得着的幸福。

别人的果子或许是香车豪宅，我们有一间自己的房子就好。别人的果子或许是金融大鳄地产精英，我们有一份工作就行。别人的果子或许是欧洲游世界行，我们能在家门口微旅行一圈就好。

也许你会说了，这人不求上进，不思进取，阿 Q 自娱，没救了。

其实不然，与其触摸那些够不着的幸福，被折磨得死去活来精神分裂，还不如守住和珍惜手里已有的幸福，触摸那些看得见够得着实实在在的幸福，抬头能看见蓝天，低头能闻到花香，亲人安好，朋友快乐，身体健康，不都是够得着的幸福吗？

行走红尘，别被欲望左右迷失了方向，别被物质打败做了生活的奴隶，给心灵腾出一方空间，让那些够得着的幸福安全抵达，攥在自己手里的，才是实实在在的幸福。

透过泪光的笑脸

我不能悲伤地躺在难过中，我唯一能做的便是，努力地过好自己。

听说过各种各样笑傲人生的故事，在书里，在现实中，那些洒脱的、慷慨的、不羁的人生给我留下过深刻的印象，但却第一次听说一个人在地震中失掉所有的亲人之后，却用温暖的笑脸面对大家。

他是一家电视台的记者，在去采访"汶川大地震"回乘的飞机上，结识了一位美丽优雅的空姐。

当时他正心不在焉地想着采访稿的事情，万众一心抗震救灾的场面让他激动，满目疮痍的劫后大地令他心疼和难过，不小心就把矿泉水洒到了衣服上。当时，她正在为机上其他乘客分发饮品，面带笑容，语速适中的声音中透着甜美和安静。

她看到他笨拙地抖着衣服上的水，适时地递过纸巾，微笑着俯下身问他："先生，我能为你做点什么？"他擦着身上的水，摆了摆手说："没事、没事，什么都不用。"她问："你是来汶川采访的记者吧？有什么事情尽管说，我会尽全力为你服务。"他伤感起来，略带苦涩地笑了："洒点水算什么？你没有看到汶川灾后的情景，简直让人不忍目睹。想起平常，我们为了一点小事，争执不休，不依不饶。为了一点小利，互不相让，各执己见。地震给了我们一次净化心灵，洗涤灵魂的机会……"

她半天没有吭声，他抬起头来看她，她的眼里早已蓄满泪水，但是脸上仍然挂着美丽的笑容。看得出来，她在努力地控制自己的情绪，半天才说："我就是汶川人，我的父母，我的孩子，我的老公都不在了，在这次地震中失去了生命。"

他惊呆了，不错眼地看着她，嗫嚅了半天才问："从上飞机就看到你的脸上始终挂着笑容，失掉了自己的至亲骨肉，你就不难过吗？怎么还能笑得出来？"她依然保持着温暖的笑容，沉默了一会儿才说："没有一种痛比失掉亲人更让人刻骨和切肤，我的眼泪早流干了，我也不能尽情地躺在自己的痛苦和难过中。我能做的，只有加倍努力的工作，来回报那些帮助汶川的好心人，用笑脸回报社会，温暖人生。"

这样的话语，若在平常听来，一定会觉得是在唱高调，可是此刻听来，却是那么的朴实无华，有一种震撼人心的力量，轻轻地叩击他的心灵，撞击着他的灵魂。那一刻，他觉得她的笑容那么美，透过泪光的笑脸就像雨后带着露珠的栀子花，清新美丽，是他长那么大以来所见过的最美的笑脸。

我是在电视上看到这个故事的，听那个记者讲述的时候，我流泪了。痛失亲人之疼怎么会不痛？那是生命的血乳和源泉，可是我们不能用自己的疼痛暗淡人生，我们要用自己的笑脸温暖全社会，那是最好的回报和感恩，只有懂得感恩的人才会幸福久久。

笑对人生不只是一种优雅，更是一种心上的回馈。

我不吃饭了，
请给我来一份夕阳

如果有一天，我失业了，没有钱了，我会不会很从容很镇定，甚至底气很足地对餐馆里的服务员说："我不吃饭了，请给我来一份夕阳！"

曾经看过一张逆光的摄影图片，圆形的拱门配方格子玻璃落地窗，窗内有一张精致的方形桌，桌上有两杯咖啡，一杯尚满，一杯已空。

夕阳斜照在窗棂上，呈暖暖的橘黄色，远处是欧式的洋房。画外音响起：口袋里只有五个便士了，我不喝咖啡，请给我来一份夕阳！看图片的时候，我的心怦然而动，先不要说构图的精致与完美，单单那一份意境、那一份从容与豁达就令我痴迷。如果是我，没有钱了，会不会很慌张？会不会很失落，像一只丧家犬一样，夹着尾巴跑来跑去，忙着找工作，忙着找朋友借钱度过饥荒，怕失业，怕生病，谁还会有闲心看夕阳？

跟朋友说起对这幅图片的感受，朋友忍俊不禁，说："口袋里没有钱，还有心思看夕阳！都说吃饱撑着了才会干这种傻事，怎么没有钱还有心情干这种傻事啊？"

我张了张嘴，生生地把想说的话咽了回去，他不是缺乏艺术修养的人，可是他还是用惯常的思维和大多数人的角度去解构这个问题。他不缺钱，多年的奔波操劳、兢兢业业，已经积攒下一份不小的产业，可也不见他放下手里的事情去休闲看书看夕阳。他天天忙着打理手上的事情，谈合同，签合约，一会儿国内，一会儿国外，忙得脚打后脑勺。因为不能按时进餐，患上了严重的萎缩性胃炎，不过是刚刚进入中年的人，额头上已是沟沟壑壑，两鬓早生华发。看见他，我便跟他开玩笑："你的钱多得在仓房里招了耗子，何必呢？拿出点时间，享受一下生活，调整一下身体，岂不比什么都好？"

他摇了摇头笑了，说："你不懂！当你看到那个数字一天一天不断地水涨船高，那种幸福感和成就感简直难以言喻。"我明白，他说的数字当然是指银行账户上的数字，为了那个数字，他疯狂地工作，没日没夜。为此，妻子说他已经三年没有一起吃过烛光晚餐，儿子说父亲从来没有来学校替他开过家长会。后来，妻子爱上了别人，一个肯和她一起看夕阳的人，顺便也把他的儿子带走了，他成了孤家寡人，一个人抱着一堆的钞票欲哭无泪。看见我，他抱怨说："你说我有什么错？我拼命地在外面打拼，不就是为了妻子和孩子能过得好一点吗？我容易吗？看人脸色，饥一顿饱一顿，图什么啊？"

我也笑了，说："她图的是那个人能陪她一起看夕阳。"他怔住了，呆呆地看着我，看夕阳有那么重要吗？那个男人哪儿比我好？每个月挣那么几张钞票，想去一趟欧洲都得攒好几年。看夕阳，晒月光，风花雪月称斤买，能当饭吃啊？

我听了，无言以对，滚滚红尘中，有多少人和他的想法一样？两只眼睛里除了钱，什么都看不到。那是人生唯一的目标，也是人生终极的理想，物质带给他们的满足和喜悦远远超越了人间的一切。不言而喻，结果肯定是凄凉的。

如果有一天，我失业了，没有钱了，我会不会很从容很镇定，甚至底气很足地对餐馆里的服务员说："我不吃饭了，请给我来一份夕阳！"

夕阳当然不能吃，只能慢慢欣赏。不太如意的人生，会因为这份夕阳，而美丽生动起来；惆怅不安的心境，会因为这份夕阳，而温暖舒畅起来。当人生走到绝境的边缘，我们不妨从容对待，洗个澡，美美地睡上一觉，醒来之后，一切都会是一个新的开始。

愿你成为自己喜欢的样子

如果有一天，我有了自己的孩子，我希望她健康快乐地长大做自己喜欢的，爱自己想爱的，成为自己想成为的。

一个女孩，从小到大都生活在单亲家庭里，因此她从小就深深地懂得生活的艰辛，就知道妈妈的不容易，因此她很乖很听话，妈妈说什么她总是很顺从。

六岁那年，妈妈带她去上钢琴课，她不大喜欢，可是却不敢违逆妈妈的意思，怕妈妈伤心难过。去上钢琴课的路上，芙蓉开得正艳，她在树下捡拾着一朵一朵的芙蓉花，磨磨蹭蹭地杀时间，妈妈大约看出了她的心思，对她说："妞妞，你是不是不喜欢上钢琴课？"她点点头，可是她怕妈妈难过，马上又摇摇头。

妈妈笑了，说："不喜欢咱就不去上了，今天下午去公园里看花儿去。"她错愕地看着母亲，"你是不是觉得我不乖，难过得傻了？"母亲摇了摇头说："你喜欢的事咱就做，你不喜欢的事咱不做，说得太深奥你不懂，长大了你就明白了。"

那个下午，她们真的没有去上钢琴课，在公园里看荷花，看芙蓉，看叫不上名字的花草，那个下午，女孩乐疯了，一直玩儿到天黑，两个人才回家。

后来，上舞蹈课，上奥数课，上外语课，只要她不喜欢的，就不去上，妈妈总是笑着纵容她。她喜欢学游泳，妈妈就带她去学。她喜欢滑冰，妈妈也带她去学，凡是她喜欢的，妈妈都支持她，当然，前提是好事情而不是坏事情。

上中学之前，她的成绩都不大好，老师把她的妈妈叫去了，说："你的女儿特长班不参加，兴趣班也不参加，成绩也不大好，老是拖班级的后腿，你这个当妈妈的，是怎么想的啊？"她的妈妈想了想，说："她不爱学的我不会逼她，学习成绩固然很重要，但我女儿的快乐，或许更重要些，我希望她健康快乐地长大，做她喜欢的事情，做她喜欢的自己。"

老师无可奈何地摇了摇头，叹了口气，因为这么洒脱的妈妈，老师还是第一次见到。别的家长也不认同她妈妈的教育方式，但是那些孩子们，她的同学们却很认同，都说："你妈妈真好，我要是有你那样的妈妈，还不快乐得疯掉？"

上了中学以后，她的成绩开始稳步上升，升到老师和同学都惊讶的地步，高考的时候，她报了外地一所她理想中的大学，而且如愿以偿地考上了。

临走之前的那个晚上，妈妈帮她收拾行李，离别在即的小伤感在屋子里飘荡，她迟疑了半天说："妈妈，我是不是不该走那么远？丢下你一个人在家里我不大放心。"

妈妈却笑了，说："傻丫头，我既不是稚童幼子，也不是老态龙钟，我还不需要人照顾，你去做你自己喜欢的事情就好。"

从小到大，妈妈总是纵容她做她自己喜欢做的事情，那些小事可以忽略不计，可是这一次不一样，一脚迈出家门，可能这辈子都不会回来了，妈妈还这般纵容她，是不是有点傻？妈妈一个人留在家里，会寂寞孤单的，她有些不忍心，她说："妈，不然我今年不去了，明年考咱们本市的大学，也是一样的，那样我就可以天天和你在一起了。"

妈妈听了她话，非但没有笑容满面，相反却板起了脸，很严肃地告诉她："妞妞，做妈妈的女儿，不是你人生的全部，只是你人生中的一个角色而已，以后，你也会为人妻，为人母，甚至为人祖母，那些都将是你人生中所要经历的角色，你会为所有的人放弃你喜欢的人，放弃你喜欢的事吗？妈妈不希望你委曲求全地活着，妈妈希望你做你自己，做你自己喜欢的事，快乐地活着，**活出自己的精彩，那才是人生的全部意义。**"

妈妈一边嘟囔，一边往行李里塞东西，想起一样塞进一样，恨不能把家里所有的东西都塞进小小的行李里，让女儿带上她的温暖与关心。

她忙得不亦乐乎，忽然发现女儿半天没有吭声，转回头，发现女儿早已泪流满面。她笑，说："傻女儿，哭什么啊？有什么好哭的啊？过来，让妈妈抱抱，以后是大人了，妈妈只怕抱不动了。"

母女俩深深地拥抱在一起，在分别前的那个夜晚。

给自己放个小假，轻啜慢饮

给自己放个小假，不管是阳光明媚的春天，不管是绿树森森的夏天，不管是婉约成熟的秋天，也不管是白雪皑皑的冬天。

时间，像一枚飞翔的子弹，飞驰而来，带着呼啸的声音，一时间，竟让人有点措手不及。

细想想这一年都干了些什么，竟然还真的想不起来，也无非就是上班，回家，睡觉，干活，可是也真得让人觉得很忙很累。

一年忙到头，似乎比谁都忙，似乎人人都在忙，真的没忙什么惊天动地的大事，可是真的忙得晕头转向。忙工作，忙升职，忙加班。忙生活，忙家庭，忙学习。忙老人，忙孩子，忙自己。物价飞涨，上街堵车。身累，心累，脑子更累。

不妨拿出点时间，给自己放个假？干点平常自己想干却没有时间干的事情，忙点自己平常想忙却没有心情忙的事情。

平常不敢关掉手机，怕上司找，怕父母叫，怕朋友呼，怕爱人骂，怕天上掉下来的好事错过了，所以眼睛都不敢眨巴地盯着手机。这会儿趁休假，赶紧关掉手机，与外界断几天消息，好好在家陪陪父母，陪陪爱人，陪陪孩子。一家人安安静静、和和美美地过几天清闲日子，享受一下亲情之美，家庭之暖。

平常舍不得断开网线，工作离不开电脑，回家忙着娱乐八卦，看新闻，玩游戏，搜索着一些相关或不相关的事情。这会儿趁休假，不妨断开网线几天，不上网又不是世界末日，看看那本很久之前就想看却一直都没有时间看的书，轻轻拂掉唱片机上的灰尘，安静地听上一曲自己素来喜欢的音乐，泡一杯淡淡的香茶，轻啜慢饮。

平常一回家就喜欢打开电视，尽管每个台的节目都大同小异，一窝蜂似的娱乐节目，一窝蜂似的上演一样的电视剧，可是那么多年了，不打开电视，没有个声音在耳边絮叨，还真得像缺少了点什么。这会儿趁休假，关掉电视几日，让耳根清静几日，看看窗台上的水仙开了没有？去院中散散步，看看那棵红梅傲雪凌寒，踏着小路上的白雪，去亭中小坐，看看夕阳，又或者，搬把椅子放在阳台上，看阳光慢慢游移，想想心事。

这样的时光，真美。不争，不抢，不夺，不用赶时间，不用像打仗一样，远离现代文明，远离烦躁与抑郁，懒散闲适地过几天，给心放个假，给自己放个假。

给自己放个小假，不管是阳光明媚的春天，不管是绿树森森的夏天，不管是婉约成熟的秋天，也不管是白雪皑皑的冬天，给自己放几天小假，让心情放松几天，让身体休息几天，让心灵小憩几天。

让我难过一小会儿，
毕竟什么滋味都是人生

没必要和自己过不去。想哭就痛痛快快哭一次，想倾诉就痛痛快快说一次，想发泄就痛痛快快闹一次。

日常生活中，我们常常会看到这样一些画面，一个女人失恋失爱，或者是婚姻失败，身边的亲人朋友密友都会轮番上阵，劝慰其别伤心，别难过，不就是失掉一份感情吗？有什么大不了的？又不是世界末日，失去了谁，生活还不得继续下去？

一个男人情感不顺，或者事业受挫，身边的哥们儿朋友同事都会轮番上阵，劝慰其别灰心，别丧气，别抑郁，失败是人生常事，大不了重新开始，没有谁会只成功不失败，所以真的没有必要太伤心太难过。

一个小孩子不小心摔倒了，父母长辈都会谆谆教诲，别哭别哭，你是一个勇敢的孩子，不就是摔了一跤吗？有什么了不起的啊？在哪儿摔倒了就在哪儿爬起来，不许哭，哭得像花脸猫一样，就不漂亮了。

一个老人，不幸晚年失掉了健康，或者失掉了子女，心情郁闷难当，很多人也会跑来劝慰，别难过了，人生不如意之事十之八九，谁能保证一辈子都顺顺当当，没有个三灾八难的？好好保重身体才是根本。

这样的画面，相信每一个人都会常常遇到，那些善良的人们总会想着让那些不如意的人少一些痛苦，少一些难过，所以会不停地劝慰，期望这种话语式的疗法会给那些不如意的人带去一些安慰。

这些劝慰的话语很贴心，很慰藉，轻柔和缓，温言软语，让失意的人不好意思再伤心难过，一味地沉溺在那些伤心事中，好像有点对不起那些劝慰者，人家都是为了你好，你却是这样的不领情，可见不通人情世故。只是，这些**劝慰，不是药，根本不可能起到根治的作用**，硬生生地把那些负面情绪截住，内心的压力可想而知。

这些劝慰也许会有一些作用，但对于一个伤心失意的人来说，却起不到决定性的作用，试想一湖将溢的水，最好的解决办法就是泄洪，一味地防、堵、围，只会适得其反，加大堤坝的压力，最终冲垮某处。人也是一样，负面情绪积累多了而找不到出口，最终只会伤及身心。

对于那些失意的人来说，最好的解决办法不是劝慰，刻意地去克制情绪，压抑情绪，到达上限时，会引爆心理安全机制。这种时候，最应该做的是疏导，给负面情绪找一个出口，比如找个没人的地方大哭一场，比如在海边或山上高喊几嗓子，比如找个贴心的朋友倾诉，这些都好过于劝慰，因为那些负面的情绪不发泄出来，堵在心里，天长日久会抑郁成疾。

　　不开心的时候，不快乐的时候，情绪紧张的时候，我们不妨积极主动地调整自己，唱唱歌，出门旅行，做做运动，都是不错的选择，给负面情绪找一个出口，释放一下自身的压力，还身体一个清爽空间，才会真正地享受到生活中的乐趣。

　　我伤心时，请别劝慰我，让我难过一小会儿，毕竟什么滋味都是人生。

不是所有人都喜欢你

你不能用一个青春的时光悼念青春，再用一个老去的时光害怕老去。在最好的时光，请尽可能用尽全身力气，所有的情感——去做一件事情，去爱一个人。

上个周末，在街上遇到一个很久没见的朋友，他跳槽去了一家新的公司，听说职位不低，年薪可观。以为他会春风得意，踌躇满志，毕竟不是人人都如他这般好运，谁知他却愁眉不展，眉头紧巴巴地皱在了一起，皱成了山川河流。

原来，他去了这家新公司，诸事都好，偏偏有一个同事喜欢跟他作对，不管他做什么事情，那个同事都看他不顺眼，总是对他冷嘲热讽扬沙子，鸡蛋里挑骨头，令他厌烦不已。

他叹了一口气，说："我左思右想，瞻前顾后，觉得自己并没有得罪他，远日无冤，近日无仇，他干吗那么喜欢跟我作对？我说东他会说西，我说左他会说右，处处针对我，我既不是他的竞争对手，也没有在背后放他冷箭，何必搞得像敌人似的？你说他累不累啊？"

我也叹了一口气，说："你肯定是误会了，他并没有拿你当敌人，他也不是处处针对你，他就是有些不喜欢你。朋友愣了一下，摇摇头笑了，自言自语道，也是，我和他并没有什么国仇家恨，更不是什么敌我矛盾，以前甚至根本就没有见过面，不认识，更不熟悉，可是我就是想不通，他为什么不喜欢我？"

不喜欢就是不喜欢，哪来那么多理由？

生活在这个世界上，就算你生得灵，长得乖，生有一颗七窍玲珑心；就算你八面玲珑，左右逢源，应酬得密不透风，也还是有人会不喜欢你。老话说，一人难当十人意，也就是这个道理。就算你再努力，也不是人人对你都满意，哪里需要什么理由？

有一句诗写得好：横看成岭侧成峰。对待同一件事情，或对待同一个人，因为角度的不同，其看法和结果也会大相径庭。

物以类聚，人以群分。我相信人与人之间是有气场的，气味相投的人会惺惺相惜，会成为朋友，会成为喜欢你的人。反之，则会怒目相向，成为敌人，成为那个不喜欢你的人。上天也算公平，给你朋友的同时，也会给你敌人，让你享受友情的欣慰，同时也让你体会生活的磨难。七荤八素，五味人生，才是生活的真滋味。

人生路上，风一程，雨一程，我们会遇到很多的人和事，并不是所有的人你都会喜欢。同理，也并不是所有人都会喜欢你，就算你再怎么为别人去改变，也不会让人人都满意，与其挖空心思地改变自己，迎合别人，还不如就做你自己，做一个个性十足，有棱有角的人。

对待不喜欢你的人，不必刻意去跟人家计较，就像两根永不

082

交错的轨道一样，各自伸向远方，互不打扰，互不干涉。或者像两条平行线那样，互不影响，互不交集。把那些不喜欢自己的人发出的声音，当成噪音，别让这些噪音干扰了自己的生活和秩序，让其慢慢淡出你的视线，走出你的视野。

安心过自己的小日子，不必和那些不喜欢自己的人去纠结，更不必假装喜欢别人，也无须强迫别人喜欢自己，坦坦荡荡，做自己喜欢做的事儿，喜欢自己喜欢的人儿，人生短暂，用真性情与生活和解，用真性情与生活拥抱。

生活是公平的，赐予我们鲜花美酒的同时，也赐予我们苦难和磨砺，给予我们喜欢的同时，也给予我们不喜欢。

滚滚红尘之中，人与人之间讲究的是个缘分，遇到喜欢你爱你的人，当全力回报以喜欢和爱。遇到不喜欢你的人，擦肩而过，遥遥相望，如此，而已。

时光有张会苍老的脸，它需要方圆

人的一生有点像四季更替，无论做什么，所呈现的无非就是喜怒哀乐抑或是类似于悲喜两重天的混合色。

肯定有人会说，人生原本已经很累很枯燥乏味，再弄个守则给自己遵守，是不是有些教条？

每一个年龄段都有着至关重要的关键词，20岁时激情飞扬，30岁时沉稳自然，40岁时大气从容，50岁时高瞻远瞩，60时岁时豁达淡定，70岁时悠然自得。在人生每一个年龄段里，做着与年龄相称的事情不难，难得是一辈子坚守自己的生活守则和人生信条。

都市生活，远远没有看上去那么精彩，摩天高楼，香车宝马，美女靓男，职场精英，流光溢彩的街灯，五光十色的霓虹，香味袅袅的咖啡，此起彼伏的人流，构成了城市生活的表象，是机会与梦想并存的世界。只是这繁花似锦的背后，欲望涌动，纷争不休，尔虞我诈的欺骗，对权利的角逐，对金钱的膜拜，人际关系的复杂，人情冷暖的温凉，更像一个没有硝烟的战场，这中间，有成功者的喜悦，当然也有失败者的泪水。

繁华喧嚣的都市生活中，你有没有把握不住自己？你有没有迷失自己？你有没有随波逐流？你有没有自己的生活守则和做人的原则？

很多人可能会不屑一顾，你当我是小学生呢？天天背诵学生守则过日子？要生活守则干什么？我是成年人，知道自己想要什么，知道自己不想要什么。想要成功，就需要奋斗，而奋斗永无止境，一路勇往直前，才能无限度接近目标。想要幸福，就需要打拼，而打拼需要付出，汗水与泪水是幸福的前奏，鲜花与笑脸是幸福的后续。

淡出毛病的人，才想要什么生活守则吧？框住自己的结果是，往左碰到了条条，往右碰到了框框，如此束手束脚，有条条框框的束缚，还能做成什么大事？

生活中，很多人都是这样，没有远期的规划，没有近期的目标，更没有什么生活守则和做人原则，及时行乐，得过且过，人云亦云。

朋友甲，原本身材很苗条，因为无节制地暴饮暴食，因此长成了一个大胖子，然后在行动不便中再不停地节食做运动减肥，如此循环往复。朋友乙，因为无节制地放纵自己的欲望，恨不能天下美色都为自己所有，见一个爱一个，最后后方起火，然后又不停地救火熄火，做着灭火工作。朋友丙，因为心中贪婪的火苗无节制地疯长，最终烧着了自己，把手伸得很长，是不是自己的东西都要捞上一把，盆也满了，钵也满了，最后却只能在铁窗里面怀想着自由的时光，所谓房有千间，其实夜宿不过三尺。

其实我们都知道，时光永远不可能倒流，与其自欺欺人地做着假设，还不如从一开始就按照自己的生活守则做人做事。

日本作家村上春树给自己制定的生活守则是：不说泄气话，不发牢骚，不找借口，早睡早起，每天跑十公里，每天坚持写十页，要像个傻瓜似的。

乍看起来，非常简单。不说泄气话：就是要不停地给自己鼓劲，一刻也不懈怠。不发牢骚：就是保持心态阳光，积极向上，给自己美好的心理暗示。不找借口：就是不管对与错，都要坦然面对，坦然接受。每天坚持跑十公里：人是自然的动物，有着自然的属性，在花草树木繁茂的路上奔跑，身体才能强健。每天坚持写十页：不停地磨炼自己，才能进步，灵感才不会枯竭。要像个傻瓜似的：不想不开心的事，不想烦恼的事，吃亏怎么知道就不是得便宜？只有这样，才会更加接近快乐。

逐条细看，仍然很简单，但是若要每天坚持，持之以恒，就不那么简单了，要克服人的天性中懒惰，散漫的因素和成分，要克服内因的生病、主观意愿等，也要克服外因的种种诱惑、环境因素等等，正因为不那么简单，在自己的人生守则里行事，才会保持方向性的正确。

生活守则，你有吗？

用一朵花开的时间学会微笑

某一刻起，我开始热爱着孤独却自得其乐的光阴。

每个人的世界都不一样，我的世界恰好安静了一点，这正好满足了我不喜喧嚣的内心期望。

年少的时候，她喜欢与一切传统的东西背道而驰。那时候她不笑，冷眼看世界，嘴角轻轻地牵着几分轻蔑。假期回到家里，冷着一张脸，回答父母的问题，看父母为她做这忙那。

有一天傍晚，她在阳台上浇一盆刚买回来的百合，忽然隐隐听到母亲对父亲说："这孩子在外面念书念傻了，怎么回到家里不会笑了呢？"

她的心头一震。原来她已经那么久没有笑了，但心中仍然是不屑。虚伪的笑容、不真诚的笑容还不如不笑。那些服务场所的职业微笑，曾被她取笑为零售没有灵魂的微笑

半年之后，她参加工作了，事与愿违地去了一家公司的公关部，也就是说职业决定了她必须有一张笑脸面对工作、面对客户。而笑容于她已陌生、已久违。曾经的矜持，天长日久竟然变成了一种习惯。

时间久了，公司里的男同事竟在背后给她起了一个绰号，叫"僵尸"，背着这样一个不雅的绰号，忍受着同事背后的指指点点，她心中有些不安，但也并不是真的很介意。

可是不久，发生了一件事情，令她对笑容的认识有了改观。那天，她跟部长一起去见一个客户。部长是一个30岁的男人，未老先衰，一路上啰里啰唆地旁敲侧击。

她自然懂得他的意思，他是怕她一会儿见到客户冷着脸对人家，把客户吓跑了。他讲了他80岁的老父亲如何慈爱，如何含辛茹苦地供他读书。妻子如何为了他遭遇车祸，每天都在家里等着他拿钱回家，买米买菜。最后归结到正题上，一句话，不能失去这个客户，不能失去这份工作，他们等着他的这份工钱活命。

她听了心中竟是一种久违的感动，眼睛里弥漫着温润的湿气，这样有责任感的男人，生活中真的是越来越少见了。

她对他用力地点头，他笑了，拍拍她的肩说："这就对了。"

客户自然没有跑，只是若干天后，她竟然听到另外一个版本，关于部长本人的。他的确有一个父亲，但不是80岁，而是不到60岁，并且定居澳洲；至于妻子更是无稽之谈，他到现在不但没有结婚，而且连女朋友也没有。

最初听到这个版本的时候，她气得不能自抑，冲动地跑去找他兴师问罪，推开门看到他充满笑意的眼睛，问她有什么事儿，她忽然间有些泄气，他何错之有？不过是骗她笑过一回。

她细细地品味，竟然觉得这笑不再空洞、无味，而是一种人生的态度，是一种豁达的处世态度。总有一些笑容是为别人盛开的，总有一些笑容会温暖别人，点亮别人，那么她为什么还要吝啬那点笑容呢？

学会微笑，用一朵花开的时间，原来一切都很简单。

补一颗会悲悯的心

世上最可怕的事情不是身体为了生存奔波，而是心灵为现实所累，继而永远丧失了拥有自由与梦想的可能性。

"相由心生"源自一个劝人向善的典故，就其字面理解，是说一个人的相貌是由心灵决定的。一个经常生气的人，面孔必定是愁眉纠结的。一个开朗乐观的人，面孔上必定是喜庆舒展的。一个内心充满邪恶的人，面孔必定是阴晦冰冷的。一个内心充满善良的人，面孔必定慈眉善目的。

以貌取人，当然不足取，但是一个人的内心所思所想，日久天长，一定会长在"脸"上，因为一个人脸是心灵的真实写照，即使伪装，也只是表层的，那一抹底色是无论如何也掩盖不了。

日常生活中，有人养身，四体不勤，五谷不分，懒得弯腰，懒得走路，因而养得白白胖胖，行动困难。有人养脑，遇到事情不思考，遇到问题不纠结，懒得读书，懒得看报，久而久之，大脑生锈，智商减半。有人养心，吃安神丸，喝养心汤，咽养心菜，如此食补，是否有用，没有试过，不过孟子在《尽心下》里说：养心莫善于寡欲。其为人也寡欲，虽有不存焉者，寡矣。其为人也多欲，虽有存焉者，寡矣。意思是说减少不健康的欲望，以达到涵养心灵的作用。

养心是一门技术活儿，看似简单，实则不然。

读书养心。茶余饭后，夜深人静，一册在手，书中找乐。用《汉书》下酒，用《史记》疗饥。隔着时空，看清照皱眉，看李白饮酒，与老庄梦蝶。选择了一本好书，就是选择了一个好的朋友，在文字中穿行，丢弃浮躁，沉淀心性。西汉经学家刘向说：书犹药也，善读者能医愚。细嚼方知，这一味治愚的药便是读书养心。

音乐养心。清风明月夜，闲暇午后时，一盏清茶或一杯咖啡，在《平湖秋月》里赏月，在《高山流水》里觅知音，在《渔舟唱晚》里看夕阳。选择了一首好的音乐，就是找到了一把打开心门的钥匙，在一首好的音乐中徜徉，可以舒缓心灵，缓解焦虑。中国音乐四方剂：清热、滋补、理气、润燥。

旅行养心。不管是小长假还是大假，换上旅游鞋，背上旅行袋，去沙漠感受太阳的热情，去海边感受大海的浩瀚，去丛林感受自然的壮观，山川河流都在脚下，让阳光照进心灵，让新鲜空气在胸腔回流，收获身体上的疲惫，心灵上的放松。旅行养心，低成本，高回报，收获海量幸福。

台湾作家林清玄写过一篇文章叫《养壶》，与养心有异曲同工之妙，他在文章中说：一把好壶，它的外表和内力都酝酿了时间的光泽，有着深沉的香气，即使不放茶叶，光是冲进开水，也会有茶的香味，那香味是无数好茶所凝聚起来的魂。

　　其实养心也是一样，读书增加你的深度，闻音舒展你的心灵，旅行增加你的阅历，如果假以时日，酝酿了时间的光泽，整个人就会泛出香味，那香味是书籍，音乐，旅行中的养料被人吸收后，从心灵折射出来的熠熠光辉。

偶尔地，要让自己疼他人欢

红尘如海，悲喜由他，起伏由他。还好，我还拥有最珍贵的生命。

读中学的时候，有一个男同学，人清秀文静，写一手好文章，成绩又好，美中不足的是脚有点跛，走路慢的时候，根本看不出什么，可是一旦快走或快跑，跛了的那只脚就会有很明显的症状。

学期末，班里举行舞会，他和另外一个男生不约而同地去邀请一个漂亮的女同学跳舞，那个男同学讥讽他，你的脚能跟上节奏？他的脸一下子红了，当着那个女同学的面，当着很多班里女生的面，他的自尊碎落了。

青春的河边，他没有渡到彼岸，一个星期之后，他自杀了。

多年之后，想起这件事，心中仍然很疼。他的人生阅历决定了他的命运走向，如果当时他能反讽一下，他能自嘲一下，他的心路历程必定不会这样短暂。

很多时候，我们在经历尴尬的场合时，手足无措时光时，我们会心慌、出汗，无以应对，但聪明睿智的人多半会用自嘲的方式化解掉。

印象最深的自嘲，是有一年春节联欢晚会，台湾著名艺人凌峰在自我介绍时说过一段话：中国五千年的沧桑和苦难全都写在我脸上。一般来说，女观众对我印象不太良好：有的女观众对我的长相已经到了忍无可忍的地步，他们认为我是人比黄花瘦，脸比煤球黑。但是，我要特别声明：这不是我的错，实在是家父母的错误，当初没经过我的同意就把我生成这个样子……

这样的开场白，无疑一下子拉近了与观众的距离，观众会因为他的自嘲和幽默而不再计较他的长相，把自己的短处解剖给别人，除了坦荡胸襟、真诚的智慧之外，还需要勇气，也因此更具有亲和力。

英国史上最年轻的首相布莱尔在最后一次召开首相新闻发布会时，坦然笑言：我的新闻官告诉我，今天随便说什么都可以，就是不能说"我会回来的"。这样黯然和伤感的时刻，别人都为以为布莱尔会灰溜溜地告别，却被他一语双关式的自嘲和幽默轻松地化解掉，"我会回来的"是电影《终结者》里的一句台词，被他聪明地借用了。

人生之旅，谁都难免会遇到一些难堪的场面，学会自嘲，变被动为主动，无疑是上乘之选。

自嘲是一种智慧，来源于对人生的深刻领悟和对自身不足的清醒认识。懂得自嘲的人，一定是懂得生活的人，张弛有度，拿得起，放得下，不会因为一点小事而想不开，也不会因为偶尔出糗而耿耿于怀，昼思夜想不成眠，甚至经过一系列的心理催化作用之后，产生抑郁倾向，生活质量因此下降，得不偿失。

　　自嘲是一件美丽的心灵外衣。当心灵赤裸的时候，我们害怕受伤，没有安全感，有了自嘲这件美丽的外衣，就可以抵御情绪波动，平衡心态，不以物喜，不以己悲，努力提升人生的境界，做一个心态健康、活力四射的人。

我想什么也不想，
静静看着月亮升起

大多数时候，我会错过夕阳，坐在那，什么也不想，我会迷迷糊糊地睡着，等到再次睁开眼睛，天边最后一丝橘红色的云彩也被收了起来，徒留那迫不及待升起的初显轮廓的月亮。

一个朋友问我，你说现代人怎么就不会感动了呢？我想了半天，竟然张口结舌答不上来。

他抱怨："前两天去医院，排队挂号的时候，一个中年人说他患了耳鸣，整晚耳边呜呜呜响，有如千军万马在奔腾，睡不着觉，很难受，跑了好几家医院都没有效果。"朋友是个热心人，他一听就急了，说："如果耳朵不鸣，神经睡死了，就有聋的可能，我认识一个大夫，治耳聋耳鸣很有一套。这样吧，我带你去他那儿看看吧？"

中年人听了，原本一张平和的脸上立刻换上了警惕的表情。他把朋友拉出人群，低声问："你是卖假药的吧？要不你是医托？"朋友解释："不是，我前两天也患了耳鸣，跑了好多家医院都没治好，是别人推荐的那个大夫，果然不同凡响，手到病除。"朋友以为现身说法，他总该相信了吧？谁知道他撇了撇嘴说："俗语说，无利不起早，我跟你非亲非故，你会那么好心给我介绍医生？"

朋友越是卖力地解释，那人越是不相信。

我无语。连最起码的信任都没有，哪里能谈到感动？

繁忙紧张的都市生活，优胜劣汰的格局，人人心中都有一根绷紧的弦，为生活打拼，为升职忙碌，为成功竭尽全力。一边还得抵防虚假广告，各种骗局，各种诱惑，分辨那些真真假假的各色人事，一颗心早已积满了厚厚的灰尘，别说感动，只怕是连感冒都怕不容易，因为在这样的环境里，那颗脆弱的心脏却有了不凡的抵抗力，或者说是产生了抗体。不信的话你试试，在大街上，如果有一个人拉住你，需要你的帮助，你的脚步会迟疑还是会停下来？你会毫不犹豫地伸出援手吗？

感动，是一个久违了的词汇，是一种美好的情愫，有一些画面会在记忆中永久地定格，一株花，一滴露，孩子的笑脸，牵手的恋人，以及陌生人伸出的援助之手……

不知什么时候，我们开始变得麻木和迟钝，对于别人的善意行为熟视无睹，甚至本能地抵御和防范，对于那些需要我们帮助的弱势群体佯装看不见，心灵积垢，越积越厚。

烦恼的时候，脆弱的时候，心灵麻木的时候，不妨尝试给心灵做一次SPA。

时尚的都市男女，心理压力大的时候，会选择做SPA，香油的氤氲，音乐的缭绕，温水的轻柔，会把疲惫和烦恼都带走，是缓解心理压力的最佳途径之一。

　　而我，给心灵洗尘的方式是，窝在家里读一本很久以前都想读，却一直没有时间读的好书。去做一次漫无目的的旅行，一个人花很少的钱，远离人群，体验孤单和寂寞。去附近的寺院听听钟声看看夕阳，或者去看功夫茶的表演，或者选择一些轻柔的音乐相伴。涤掉心灵上的尘埃，会觉得，生活，真的很美。

　　心灵更像一面镜子，需要常常拂拭，才会得以光亮照人，保持心灵的健康和卫生，才会更接近快乐！

愿我们还有感知幸福的能力

只要活着，你就可以遇到好多的幸福，哪怕遇到点坎坎坷坷，也会迈过去的。

生活在这个世界上，很多人都在追寻幸福，幸福在哪里？幸福长什么模样？只怕每个人的心中都会有一个不同的答案，那就是你对幸福的理解。

有一个朋友，一向是个健康快乐的人，有很好的生活习惯，不吸烟，不喝酒，每天早起跑步。朋友们聚会聊天的时候，大家都在抱怨，抱怨物价越来越贵，去超市里看看，什么都翻了一番，捂着腰间的荷包，轻易不敢出手。街上车子越来越多，走到哪里都堵车，停车比买车还困难，就像内急时却找不到厕所，文明时代的副作用。虚假广告越来越疯狂，简直无孔不入，走一步，就左右环顾，担心掉入这个陷阱，掉入那个圈套。还有那个谁谁谁，敛财有道，没几天的工夫，就开上了马宝，住上了别墅，一步赶超了周围所有的朋友。

生活在物质时代的滚滚红尘中，谁能不烦心？大家七嘴八舌争论着，唯有这个朋友风轻云淡地笑笑，从来不会介入这种火药味很浓的牢骚。我曾经非常羡慕朋友这种平和恬淡的心态，能在这个物欲时代，保持一颗纯真从容的心，像一朵出岫的轻云，悠然飘在天边，不是一件很容易的事。

前两天，忽闻朋友生病住院，我买了鲜花和水果去医院看他。那天刚好同病房的病友都病愈出院了，只有他拥被独坐发呆。我问他，生了什么病？他说："好像全身哪儿都不舒服，哪儿都不得劲，焉头耷脑，打不起精神，可是医生就是检查不出生了什么病。"

我笑了，问他："是不是工作压力大的关系？"他摇了摇头，叹了一口气，牵丝扯缕地说："我们单位最近人事调整，本来我升职的呼声最大，可是任命下来，却没我什么事儿。想我这些年，勤勤恳恳，任劳任怨，路不敢多走一步，话不敢多说一句，别人都不爱干的活，只要领导信任我，我从来没有推辞过，可是到头到来升职却没有我什么事儿。那个升职的人哪儿比我强？学历没有我高，资历没有我长，能力更不用说了，业务水平一塌糊涂，可是他却平步青云，真不知道上面是怎么想的。更可气的是，他升职没几天，小房子换成了大房子，旧车换成了新车，生活水准，一步一个台阶。"

我听了，忍不住就笑了，一直以为他是一朵出岫的轻云，原来他也有心理倾斜失衡的时候。

我问他："你羡慕了？"他说："也不是羡慕，就是有些气不过。还有更让我生气上火的事儿，就说我那宝贝女儿吧，从小到大没让我操什么心，可是最近，这孩子说要放弃考重点中学，走偏门，考音乐学院附中，当音乐家，像郎朗一样，全世界巡回演出。这不是典型的头脑发热吗？我们单位的小赵，就是音乐学院本科毕业，还不是一样在单位打杂？连个专业都没有，只能端水倒茶。偏偏我的宝贝女儿中了邪一般，脑袋刻了个尖要往这条羊肠小路上冲，我一说她，她就跟我急，扬言要离家出走，跟我们脱离家庭关系。"

从来不抱怨的朋友，打开了话匣子，原来他也是尘世烟火里的人。他忧怨地说："我爱人你也是见过的，眼瞅着人到中年，红颜正在一点一点地消逝，以前只在家里贴贴黄瓜片什么，现在可倒好，热衷美容保养，逛街买衣服，三天换一个发型，两天换一套衣服，品牌香水倒背如流。你说一个快到中年的女人，能抓住青春的尾巴吗？本本分分地过日子有什么不好？偏偏把自己打扮得像 T 台上走秀的模特，她是美了，我的荷包里的银子受得了吗？前两天下班，我居然看到一个西装革履的家伙，开着宝马送她回家。这两天我就琢磨，这么多年的夫妻了，莫非也要我竞争上岗？

"还有我的父母，辛辛苦苦工作了一辈子，退休了，在家里安享晚年有什么不好？可是老两口偏偏迷上了旅行，热衷于探险漂流一类的危险游戏，让我的心天天挂在嗓子眼，电话一响，便心惊肉跳，担心他们会出点什么事情……"

朋友一口气说了这么多，原来他并不是真的生了病，而是心情郁闷和生活压力大，致使他逃避到医院里。

我哈哈大笑道："你知足吧！你这么幸福还抱怨，还让不让我们活了？"他惊疑地转头看我，"这是从何说起？"

我说："你可以反过来想想啊，你那个升职的同事，没几天小房换大房，旧车换新车，一步一个台阶，没准下一步就迈到了监狱里，人要想把持住自己不容易，有什么好羡慕的呢？你的宝贝女儿要学音乐，恭喜你，说明她已经长大了，有了自己的小思想，也许这种思想还很幼稚，但你可以慢慢引导疏通，你也从少年时代走过，不要把自己的意愿强加给她啊！至于你的妻子，你希望你身边的那个人是一个黄脸婆还是一道靓丽迷人的风景呢？你的父母你就更不用担心了，他们热衷于旅行，说明他们的身健康，思维活跃。"

朋友失语。很多时候，我们总是在抱怨，抱怨升职太慢，抱怨工资太少，抱怨上司不公，抱怨老婆太老，抱怨孩子不听话，抱怨老人太教条。

其实很多时候，我们完全可以反过来想想，房子虽小，但是自己的，不用租屋而居。工资太少，但总不至于潦倒到饿饭，三餐有着落。有父母在，为人儿女的可以承欢膝下，享受亲情暖爱。有爱人在，玫瑰余香，幸福久长。有儿女在，可以享受人间天伦。朋友幸福，家人健康，银行里有一点存款，出行有车代步。像电影《没事偷着乐》中的台词：**只要活着，你就可以遇到好多的幸福，哪怕遇到点坎坎坷坷，也会迈过去的。**

人生就是由这些一点一滴的小事情组成的，握在手里的幸福不知道珍惜，常常渴望那些可望而不可求的，被欲望左右着，这样的人怎么会幸福？烦恼时，常常盘点一下手中的幸福，就会发现，幸福其实很多，离我们很近，触手可得。幸福要有一颗善于感知的心，慢慢去体会。

爱一个能给你明朗未来的人

如果可以，请试着去爱一个可能的人，无需轰轰烈烈，无需热热切切，爱你就好。

薇安是个有古典情结的女孩，喜欢古典音乐，喜欢品茗弄香，喜欢穿旗袍，喜欢在博客上写一些淡雅忧伤的词句，低眉潋滟做小女人状，但却有本事让人过目难忘。这样的女孩，身后自然有大把年龄登对的追求者，可是却无一能够打动她的芳心，那些青涩的男孩子，在她看来，更像枝头尚青的小桃，毛茸茸的，尚未褪出青涩，这样的男人只能让她偶一回眸，淡淡地一笑置之。

她的芳心早已暗许了一个人，那个人成熟多金，儒雅博学，无论是生活里还是职场上，都游刃有余，举手投足间，成熟稳重，魅力四射，她为之倾倒。有阅历的男人，就像一本厚厚的书，让人有忍不住想读下去的欲望。两情相悦时，忍不住就想起了天长地久这个美好的词，想起了这个词，就有了一个理想，一个做小三的女人都应该有的理想，那就是取代另外一个女人的位置，登堂入室，然后相依相伴，将幸福生活进行到底。

和那个男人说起的时候，男人微微地蹙起了眉头。薇安是冰雪聪明的女子，知道天长地久这个词有些难度，他的后方城池坚固，不是一两个小三就能攻下的。她看在眼里，恨在心上，但又舍不得罢手，思谋良久，看来只能智取，不能硬攻。

心智成熟的女子，当然不能和男人玩一哭二闹三上吊的老套游戏，这样会把男人吓跑的，老实说，她也不具备这样的资格，当小三只能被动地隐忍和接受，不具备这样的基本素质，就谈不到修成正果。

她决定从另外一个女人的身上找到突破口，让她知难而退，最好是她主动放弃，不费一兵一卒，兵不血刃，成功地攻城略地，最后摘取胜利果实。

带着这样的理想，她主动了解那个女人，接近那个女人。那个女人面容姣好，受过良好的教育，出身世家，言谈举止优雅得体，一看就知道是个见过世面的女人，让她主动退出，肯定有难度，但是她还是自信满满地去接近这个女人，也许她还蒙在鼓里，并不知道自己的存在，并不知道自己的男人另有示好，所以一定要让她知道，让她自己不战而退，才是理想的结局。

薇安和那个女人一起去喝茶，她开门见山地说自己是他的女性朋友，不是一般意义上的女性朋友，然后静等女人雷霆万钧，拂袖而去。谁知她波澜不惊地拿起茶壶，轻轻地往杯子里注水，茶香袅袅中，轻启朱唇，她含笑似嗔地说："他这个人，还那样，喜欢怜香惜玉，走到哪儿都是女性朋友一大堆，当自己是贾宝玉。"

第一个回合，还没有拉开架势，她就尝到了败的味道，有一拳打在棉花上的感觉。

一计不成当然会生出另外一计，不达到目的怎么会罢休？

薇安和那个女人一起去逛街，在一家专卖店里，女人看中了一件女式长袖衫，质地纯良，做工精细，而且是纯手工制作的，尽管如此，还是觉得昂贵的价格和那件单薄的女衫并不匹配，有点不是物有所值，如果不想烧钱，是不会选择那件衣服的。

售货小姐并不热心，用轻慢的眼神打量着女人，薇安以为这回女人肯定会恼，以她的身家，别说买件小衫，就算是买套别墅也不会眨一下眼睛。谁知她却笑了，对以貌取人的售货小姐优雅地说："这件衣服很漂亮，但有点贵，我回家再想想吧！"她以为，这个优雅的女人即便不会和售货小姐吵架，也会失去内心的镇定和从容，不承想什么热闹也没看到。

有一次，薇安偶然听到女人和男人的对话，他画龙点睛适可而止地提醒她说："以后别和那个女孩接触太多。"女人沉吟了一会儿，说："她是个好女孩，聪明、善良、古典，如果我是个男人，可能也会喜欢那样的女孩，爱美是人的天性。"

她听不下去，落荒而逃。

和女人一起上街的时候，薇安故意把手机留在桌子上，然后去洗手间，以为女人会趁机翻看手机短信，那上面有与那个男人的短信往来，那些令人心跳耳热的短信，一定会让女人崩溃，可是，那个女人从来没有动过她的手机。她的涵养，她的优雅，她的定力，别说她一个小三，就是千军万马也足以抵挡。

薇安收拾东西，原本打算不费吹灰之力博得出位化成了一场泡沫，她被一个女人的优雅所伤，带着些许的遗憾、些许的怅惘和遗憾，她离开了这个城市，临走时，她给我发了一条短信：原来优雅也可以伤人，从此后，打死不再当小三了，娱人误己啊！

趁阳光正好，且行且珍惜

原来，萎谢也好，盛开也罢，不过是一种人生态度的取舍。

常常会见到一些朋友莫名其妙地服用一些药，既没有医生的处方，也没有觉得身体不适，只是大家都在忙着服用一种保健的药，因此人服亦服。

下至两三岁花朵一样的孩子，上至七八十岁童颜鹤发的老人，不管生病还是没有生病，也不管身体需要还是不需要，只当服了药就会有益处，服了药就会健康强壮。孩子们忙着补锌补钙，学生们忙着补脑以增强记忆力，美女们忙着吃减肥药，男人们忙着补肾，老人们则忙着进补延缓衰老的灵丹。

传媒也不甘寂寞，推波助澜地轮番轰炸人们的听觉与视觉神经。报纸整版描述某种新药的功效，电视广告见缝插针地不断宣传某种药物的作用。那些东西真的有如此神效？当真全民都需要补药？

先不说是药就有三分毒，单单这种惯性的思维方式和健康理念，就是不可取的。

邻居夫妇有一个三岁左右的稚儿，有一点点调皮，却十分健康可爱，可孩子妈妈总说孩子缺锌，于是去药房买来最好最贵的锌，让孩子早也喝，晚也喝。

终于有一天，看见这对夫妇没精打采，像蔫了的花朵，拖着沉重的脚步回家。因为没看见他们的孩子天真烂漫的笑脸，问起，孩子的妈妈说是因为锌中毒。

其实，补药本身没有什么过错，用在适当的时间是可取的，会达到事半功倍的效果，比如手术后。但一个健康的人，如果滥补，补药势必成了毒药。

一个朋友曾经被诊断为无药可救，他的心情灰暗了很长一段时间，后来想开了，反正生命不久矣，与其唉声叹气等待最后的时间，不如，一个人背上行囊上路。

行走与阳光下的人真的不同，心境明朗，看看风景，听听大自然的私语，累了停下来歇一会儿，饿了找东西吃，吃自己想吃的，而不是时时刻刻想着营养，没了钱甚至去打短工。一路行，一路歌。回来的时候，去医院复诊，医生看到他还健康地活着，惊叹简直是奇迹。

是的，阳光是我们最好的药，没有阳光，这个世界会灰暗一片。

阳光是最好的，在紧张忙碌的工作之余，享受一下阳光的温暖明亮和丝绸般的质感，在阳光下松弛紧绷的神经，甚至闭上眼睛，做一下深呼吸，你会觉得空气里有温馨的阳光味道，会觉得阳光比任何补药都好。

多对自己笑笑，多对别人笑笑，那些发自心底的微笑，同样是照亮我们生命的阳光，而阳光是我们最好的药。别不信，试试吧。

第三章

每个人都曾穿越过不为人知的黑暗

渐渐发现，

每个人的生命中

都有值得去爱的部分，

那个部分不是常常被人看见，

那一部分又轻又软，灵动，

像薄薄的云雾，

像晶莹的一角的阳光……

我不在时，你要好好过

爱一个人最好的方式，是无论他在或不在，你都要尽可能地过好自己的生活。

看过一篇文章，讲述一个在异乡求学的女孩，每年寒暑假从来不回家，可是她并不是利用假期时间去打工赚学费，也不是刻苦用功温习功课，而是去旅行，一个人去远方。

母亲常常会在牵挂中收到女孩的来信，很长，手写的那种。女孩每到一个地方，就会给母亲描述美丽宜人的风光，描述当地的风土人情，欣喜欢快的心情像风中的笛声跃然纸上。也会用大段的笔墨描述生活起居，生活中大大小小的事情，吃了什么食物，穿了什么衣服，看了什么书，事无巨细。女孩用白描的手法，让母亲知道她的生活状况，让心生牵挂的母亲，多少有些安慰。

这样的日子一直过了有两年，女孩子从来没有回过家，或许别人也会说长道短，生出种种非议，就连女孩的母亲也是不大理解和满意的，可是又没有办法让女孩回家，因为女孩每一封信里都是情绪饱满地述说着自己的快乐，那种单纯的美好的快乐，让人不忍心打扰。

在母亲的印象里，女儿是平常在学校读书，假期出去旅行，时间被黄金分割，填充得满满的，过得充实而快乐，美中不足的是，和女儿在一起的时间太少，心中的想念像发了芽的种子，日甚一日。可是，她能理解现在的孩子，年轻的时光总会有一些疯狂的举动，做一些自己喜欢的事，等将来，女儿毕业了，就会回到自己的身边，到时会有大把的时间在一起。

遗憾的是，女孩的信越来越少，而且一封比一封短，到最后，音信皆无。间隔了很长一段时间，终于收到女孩最后的一封信，是托别人带给母亲的，连同这封信一起，还有女孩的骨灰盒。

原来，女孩早在两年前就知道自己患了绝症，最初的苦闷和绝望之后，她想到了母亲，她是母亲唯一的女儿，也是母亲唯一的孩子，死者死矣，可是活着的人该怎样活下去？想到母亲可能会因此而悲伤难过抑郁成疾，她心如刀割。

从那时候开始，她刻意没有再回过家。她拼命抑制自己心中的想念，拼命抵制自己的软弱，有哪个孩子不想念妈妈？有哪个孩子不恋家？可是家还在，她却不能回，因为她想让母亲慢慢适应看不到女儿的日子，慢慢适应没有女儿的日子。

其实假期时她并没有去旅行，哪里都没有去，每天窝在宿舍里，忍受着疾病的折磨和肆虐，忍受着想念亲人的切肤之疼，她只是用旅行这样一种托词和借口，为自己不回家找一个理由，从刚开始点点滴滴的音讯到后来的间隔很长一段时间到最后的永诀，为母亲留下一个心理上的过渡和缓冲的时间。

女孩在信中说：妈妈，对不起，我撒谎骗了您，可是您总得适应我不在的日子，您总得习惯看不到我的日子，因为，您还得活下去，而且是很快乐地生活下去！坚强地面对人世间的纷繁和沧桑。您生我养我 20 年，女儿却无以为报，唯一能做的，就是尽可能把因我离去带给你的疼痛减轻一点，降低一点……

女孩的想法很简单，甚至很单纯，就是怕母亲无法适应没有女儿的日子。其实很多时候，很多人都得慢慢适应身边最亲的亲人不在的日子，一个人苦苦地跋涉在人生之旅上，没有谁会陪伴谁一生，一辈子总会有一段缺失和黑暗的时光，独自面对，这更需要坚强来支撑，需要爱来温暖，精神上的图腾比现实中的苦难更强大。

人，需要信念支撑着。

后来，那个母亲果然好好地生活着，并没有因为女儿的离去而倒下去，因为她知道，只有好好活，唯有好好活，才能不辜负女儿的用心良苦，才能不辜负女儿刻骨铭心的爱。

人世间，爱是一个永恒的主题，因为爱会让我们觉得温暖，觉得生活还有希望。因为有爱，才不至于在寒冷里感到绝望。如果你是在爱着，不管是亲情友情爱情还是陌生人之间的温情，那么请继续，请珍惜。如果你心生邪念，不管是大的小的有心的还是无意的，那么请三思，请停止。

人贵有感恩之心，感恩之心会让这个世界更加和谐美好。

珍惜那个肯为你生气的人

谁会对一个陌生人发脾气生气？

因为生活不曾有半点交集，你的幸福与否，你的安康与否，你的快乐与否，都与他人无关，所以相逢只是淡淡地一笑，美好，但却无关冷暖。

刚满18岁的温小暖，昨天夜里12点钟跑来敲门，吓了我一跳，以为出了什么大事。拉开门放她进来，她像一朵水面上的浮萍，战栗不止，哭泣不语。

我吓坏了，问她："怎么了？失恋了？被人欺负了？和父母吵架了？"任我怎么问，她都不开口说话。无奈，我只好给她倒了杯热茶，打开轻松舒缓的音乐，又找了一件衣服披在她身上，在窗边的小几旁相对而坐。

伤心的时候，生气的时候，舒缓的音乐无疑是最好的止疼药，是一贴有效的发散剂。温小暖在音乐中渐渐停止了流泪，她抬头来，看着我幽幽地说："我和我妈妈吵架了，你不知道她有多凶，发起脾气来简直就像一只母狮子，一张口就能把人吞下去。我18岁了，是成年人，知道自己在做什么，我能把握住自己，她干吗不放手？难道要一直管我到老？累不累啊？她不累，我还累呢！"

温小暖撅着嘴，气嘟嘟的样子，有几分稚气，有几分傻气，也有几分可爱。

我忍不住乐了，告诉她："你最好别断章取义，你讲的只是果，你再说说因。只有知道了因，我才能判断出你妈妈是不是乱发脾气的母狮子。"

小暖欲言又止，如此三番两次，最后还是说了："其实也没有什么大事情，就是放学后，我和同学偷偷跑出去看《阿凡达》，担心她不让我去，所以没有告诉她，而且关了手机。我想着看完了就回家，也没什么大不了的。谁知道，回家后，我妈正坐立不安，拿着手机满地走，到处打电话问同学，看见我回来，立刻就拉开了审讯的架势。你说，我不就看了一场电影，不就回家晚点吗？有什么大不了的？又不是跟男生跑出去瞎混，又不是跟人私奔，她至于生这么大的气吗？摔了两个杯子，一个手机，还有窗台上的一个盆景。"

我深呼吸一口，对小暖说："你不懂，她生气发脾气，是因她紧张你，担心你，你的任何一点闪失，都会让她觉得那是她的过错，等你做了母亲，你就会明白一个做母亲的心。"

小暖说："我理解，可是我真的不能体会，那近乎疯狂的举动，我还从来没有见过。"

我把手机递给她："给你妈妈打个电话吧！她知道你在哪里，才会安心！"

一个母亲对孩子生气发脾气，那是因为母亲的心中，孩子永远最重要，永远是自己生活中的主角，时刻都想知道自己的孩子在干什么，冷暖与否，安全与否，健康与否。

一个妻子对丈夫生气发脾气，那是因为她在爱着，担心吸烟有害健康，所以三番两次地啰嗦。担心酒醉驾车危及生命，所以跟你发脾气。担心她的爱情被别的女人分享，所以时刻都竖起身上的刺，用以抵御和防范。

一个朋友对另一个朋友生气发脾气，那是因为他愿意跟你分享，你快乐的时候，他会与你一起快乐，你不开心的时候，他会安慰你，和你一起分担。朋友，是这个世界上最美丽的两个字，朋友是一生里最重要的财富。

永远不会对你发脾气生气的人，当然是陌路之人。因为生活不曾有半点交集，你的幸福与否，你的安康与否，你的快乐与否，都与他人无关，所以相逢只是淡淡地一笑，美好，但却无关冷暖。谁会对一个陌生人发脾气生气？那不是咸吃萝卜淡操心！有那时间，还不如看看天上白云跑马，看看公园里的花儿是不是又开了！

喜欢跟你发脾气生气的人，一定是最关心你的人，一定是最牵挂你的人，一定是爱你胜过于爱自己的人。因为发脾气生气本身就是一个体力活儿，没听说吗？哀伤心，怒伤肝，生气能导致脑细胞衰老加速。

请珍惜身边那个肯为你生气发脾气的人，因为身边能有个对你发脾气的人，实在是一件很幸福的事。

每个人都有幸福的可能

幸福有时候像一个恶作剧的孩子，不会因为你富有而为你停留，也不会因为你贫穷而远离，幸福是一个公平的东西，只要用心，谁都可以得到。

认识的女性朋友当中，绝大多数都是中等女人，有着中等的姿容和收入，貌不惊人，财不出众，过着中等生活，但是这并不妨碍她们做个心智成熟的女人，有着上等的理想，向往上等的幸福。

"中等"是一个很宽泛的概念，也是一个多少有些令人悲哀的词汇，小众审美有孤芳自赏的嫌疑，"中等女人"则有些随大流的意思，说难听点，就是大路货，失去了紧俏与抢眼，虽然说比上不足，比下有余，但也正因为比上不足，比下有余，而产生了向上的空间，进则上不去，退则又不甘，所以很多女人，因为混在中等这个层面，为找不到一个缺口突破自己而抑郁。

一个女人，因为生得沉鱼落雁而嫁入豪门，一步到位地过上了上等人的生活，换跑车就像换内衣一样，手上戴的小石头，是一个中等女人差不多两年的收入，工作上更是随心所欲，在自家的公司里，换职位像走秀，想干什么就干什么，从不会为吃什么穿什么这些小事而烦心。外人眼里，这简直就是神仙一样的日子，是很多人一辈子为之追求的目标，是幸福的模本，如果可能，谁愿意过那种在鸡毛蒜皮中挣扎的日子，每个月的预算像价码表一样整齐，稍有出格，生活就全乱套了。

可是偏偏这样一个女人却羡慕另外一个女人的生活，实在是令人非常意外。另外一个女人是她的朋友，只有中人之姿，没有回头一笑百媚生，倾国倾城的魅力，学历也只是中等，嫁了一个老老实实的本分男人，做着都市里一个平平常常的小职员，过着平平淡淡的日子。可是中等女人也有自己的生活乐趣，没有最新款的上市时装，但却有最新颖和最大胆的想法，在厨房里煮百合粥，在阳台上种绿萝，冰箱里有薄荷饮，表演起茶道，一板一眼，每过一段时间，就和爱人一起周游，不是周游世界，只是周游和阅历家附近的名不见经传的小地方和小菜馆，去附近那家寺庙，听经，参禅，吃斋。中等的姿容，因为心灵的丰沛和美丽，放射出异彩，因而生动起来。

有一次，中等女人生病了，沉鱼落雁女去医院看她，一脚门里，一脚门外，刚好看到一个经典的温情镜头。中等女人的老实男人在喂她喝粥，那个男人，很普通，小眼睛，大鼻子，有些像央视的老毕，一只手拿着勺，一只手拿着纸巾，舀一勺，放在唇边轻轻地吹一下，然后试一下温度，再喂给她，然后再用手里的纸巾轻轻地拭一下她的唇，动作轻柔舒缓，行云流水，没有半点做作和虚张，可是那个幸福的女人，却矫情地皱着眉头嚷嚷不想喝。

她傻傻地看着，半天没有缓过劲来。

谁说只有锦衣玉食才是幸福生活的终极？那些朴实的，温情的，甚至是素淡的，家常的，一举手，一投足，一个眼神，都是幸福啊！

羡慕就是从那时候油然生出的，像一个手里拿着白面馍馍却羡慕别人手里的玉米面饼子的孩子。别人看着，她是一个体面的女人，过优雅的上等生活，可是只有她自己知道，一个个清晨和黎明，是怎样担心红颜易逝，是怎样往脸上涂厚厚的面膜和营养霜。一个个黄昏和深夜，是怎样担心狐狸精横空出世，小三小四们前赴后继，抢走她的衣锦繁华梦。也许男人也未必像她想象的样子，只是工作忙而顾不上瞻前顾后，可是她却不能抵制自己不胡思乱想，不能抑制自己不抑郁。

我想起以前看过的一篇文章，题目是《羡慕另一只鸟》，人都是这样，总会不自觉地羡慕别人的生活，其实每个人都有属于自己的快乐和幸福，哪怕是一个中等女人，也会有上等的幸福，千万别偷换概念，以为中等女人，幸福也必然是中等的，幸福的感受和你的身份无关，和你的地位无关，和你的贫穷无关，幸福的 K 值是一样的。也许别人的幸福，你未必能享受得了，你的幸福，别人也未必能体会，所以最好不要学那只鸟。

幸福有时候像一个恶作剧的孩子，不会因为你富有而为你停留，也不会因为你贫穷而远离，幸福是一个公平的东西，只要用心，谁都可以得到，中等女人，一样可以拥有上等幸福。一个人的长相不能选择，家世不能选择，但是过什么样的生活，享什么样的幸福，主观调控权却在自己的手里，做中等女人，享二线生活，蝶变出上等幸福。

愿你的爱不会
在口角里跌宕起伏

愿意做送别人走看别人背影的人，愿意做后挂断电话的人，愿意做聊天的时候说最后一句话的人，愿意做先说我爱你的那个人，愿意做一段关系中后离开的那个人，且不因为这样做而感到害怕的，这样的人，一定是具备这种能力的吧？

下班回家，老公殷勤地迎上来，把一双柔软的布拖鞋递到我手上，嘘寒问暖，一脸的关切。因为从来没有受过这样的礼遇，我有些受宠若惊。

换了居家的衣服，去厨房做饭，发现餐桌上摆满了我爱吃的菜，活色生香，而且还开了红酒，花瓶里插着我喜欢的白色百合，整得这么有情调，我不免心生狐疑，从前老公下班回家，都是坐在沙发上，跷着二郎腿，不是看报纸就是看电视，今天怎么太阳从西边出来了呢？

去找日历翻了翻，既不是我的生日，也不是我们的结婚纪念日，因何搞得这么隆重呢？再看老公，低眉顺眼，柔情蜜意，不停地给我夹菜。俗话说，礼下于人，必有所求，且看看他有什么花样。

果然不出所料，酒至半酣，情至半浓，老公掏出一张 A 4 的打印纸递给我说："我想跟你签份协议。"我心中一惊，该不会是离婚协议吧？这家伙什么时候悄悄抄我的后路，生了外心呢？

唉，我叹了一口气，天要下雨娘要改嫁，挡是挡不住的，怀着一颗视死如归之心，把那张 A 4 纸接过来，上面赫然写着"低成本吵架协议"，上面清清楚楚地列着一二三条，第一条：吵架时不准摔东西。第二条：吵架时不准动用暴力致使对方受伤。第三条：吵架后不准离家出走。

我松了一口气，只要不离，签什么协议都成。

狠了狠心，闭着眼睛刷刷刷签了我的大名，协议从此生效，看在人家殷勤地给我拿拖鞋的分儿上，看在人家运用平生所学亲自下厨的分儿上，看在人家处心积虑、挖空心思地整出了"低成本吵架"协议之一二三条的分儿上，签就签吧！

谁知合约签了之后，老公立刻翻了脸，一改低眉顺眼，柔情蜜意的样子，一副公事公办的嘴脸，声称以后谁如犯了此协议，按规定处罚，除了包揽所有的家务之外，每天晚上还要给对方洗脚。

天啊，我可不想踩到他的尾巴上，为了避免被罚，我尽量小心谨慎地避免雷区，力争不主动挑起事端。

结婚以后，二人世界里的战争频繁暴发，大吵一三五，小吵二四六，周日停战休整，想想那些日子，简直是考验我那并不坚强的神经。最严重的一次，是因为我打扫书房时，不小心把他的宝贝碰落到地上，摔了个粉碎，他急了，跟我吵了起来，任我怎么解释他都听不进去，不依不饶，我气极，摔烂了书房里古董架上那些真真假假的宝贝，什么清代的玉盘，明代的瓷罐，当然都是仿制品，统统不在话下，他心疼地抚着一地的碎片，片刻之后冲过来，我以为他要动手，来了个先下手为强，伸手在他脸上挠了两道，他呆住了，想不到我会下此狠手，狠狠地看我，我自知理亏，收拾了东西，离家出走，去了另外一个城市的闺中密友家里躲难。

多日之后，战争停歇，怒火烟消云散，想到对方的好，心中都有些挂怀，不知道他是胖了还是瘦了，想主动回到老窝，怎奈闺蜜执意要让他来接我，当着她的面向我赔礼道歉，他居然很给我面子，买了花送给我的朋友，又请她吃了饭，堵了她的嘴，才一起双双携手打道回府。

回到家里，点灯熬夜，仔细算了一下这次吵架的成本，不算不知道，一算吓一跳。那些清代的玉盘，明代的瓷罐，在市场上买的时候花掉好几百块呢。他的脸被我抓了两道血印，结痂之后惨不忍睹，所以他请了半个月的假，伤好之后才去上班，被扣掉半个月工资不算，还被扣掉了奖金补贴之类诸多项目。就我而言，损失更大，不辞而别跑到另外一个城市，被公司开除了不算，在女友家白吃白住，但路费总要自己出的，来回一千多。老公来接我，路费又花掉一千多，又送闺蜜礼物，又请闺蜜吃饭，又花掉一千来块，好不容易把事情搞定，把我骗回家。

这一场架吵下来，精神损失不算，物质成本就失掉了几千块啊，个把月来这么一次，这日子还怎么过啊？

老公夜里不睡觉，苦思冥想，终于想出一条妙计，和我签署了一份低成本吵架协议，用来约束双方的行为，特别是行为失控时，拿出此协议还真管用。

有一天，因为一件小事又吵了起来，刚想把手里的茶杯茶碗往地上扔，他不怒反笑，摔啊！别说我没提醒你，你摔了，就要包揽所有的家务，还要每晚给我洗脚，他摇头晃脑，那滋味一定很好，有美人洗脚，一定是神仙的享受。

我忍不住笑了，把茶杯茶碗轻轻地放在桌子上，回击他，别臭美了，我才不上当呢！

生活在一个屋檐下的两个人，不吵架是不可能的，勺还有碰碗的时候，更何况是两个大活人呢？如何把吵架的成本降至最低，才是当务之急。伟人说，要文斗，不要武斗。两个人吵架，斗斗嘴就行了，也是一种乐趣，千万别和自己过不去，东西摔烂了，还得去买，婚姻摔烂了，就无法修补了。

幸福与否，
只有穿过它的人才知道

幸福像一个少女，你爱怎么打扮就怎么打扮。

如果你乐意，你可以把她打扮得很美好，也可以把她打扮得很悲催。

如果说有人不会享福，你一定会笑，那是傻子吧？吃香的，喝辣的，什么都不用干，谁不会啊？享福简直就是一门无师自通的功课，不用学就会。

前几天，在街上遇到一个朋友，他给我讲了一个故事，初听觉得很好笑，可是听着听着就笑不出来了。

一个男人自小离家求学，吃了很多苦，遭了很多罪，拼搏了好几年，如今终于事业有成，在城里开了一家大公司，居有豪宅，行有好车，把在家乡吃了很多苦的父母接到城里享几天清福。

刚来城里的时候，他的父母有些不大习惯，在小区里溜达的时候，看到易拉罐旧纸箱什么的，如获珍宝，偷偷地捡起来，拿回家中藏起来。没过几天，他们竟然公开地在小区里"拾荒"，把装修豪华的家搞得像个垃圾回收站，客厅里，阳台上，到处都是瓶瓶罐罐、旧书旧报旧纸箱什么，塞得满满的，到处都是。

　　小区物业的工作人员给他打电话，客客气气地说了自己的想法，希望他能把阳台楼梯清理一下，太多的旧物堵在阳台上，有碍观瞻，堵在楼梯里，影响出行安全。那种客气的语气里隐隐含着轻蔑，让尚且处在虚荣年龄段的他，一下子心虚起来。

　　他非常郑重地找父母谈了一次话，那天吃过晚饭之后，他酝酿了半天，斟酌了半天，既不能伤害父母的感情，又能把话说明白，本着这样一个原则，他拐弯抹角地问老妈："最近是不是缺钱花了？儿子虽没有大本事，但奉养老人这点能力还是有的。"老妈看着他，不明所以地摇摇头说："我们有钱，上次你给的钱，我们还没有花掉呢！"

　　老妈根本没有明白他的意思，他只好又说："妈，您的风湿又疼了，没事别出去溜达，多在家里休息。"老妈说："我怕你爸一个人出门就迷路，找不到回家的路。"

　　看来含蓄委婉的表达方式对父母根本没有用，他只好直说："妈，以后没事，别再出去捡那些破烂东西了，钱在我写字台的中间抽屉里，花多少自己拿。"

　　这时老爸从卫生间出来，中气十足地大吼一声："你小子嫌我们捡破烂丢你的人了？你就知道钱钱钱，我们不花你的钱。捡破烂怎么了？我们天天呆在家里闷得慌，吃得好，住得好，不干点活，心里别扭！捡破烂又不是偷和抢，往大里说是利于环保，美化环境，往小里说，还能解解闷，锻炼身体，至于把你吓成这样吗？"

　　他一句话都说不出，呆呆地站在那儿发愣，是啊，物质生活丰厚，精神生活充裕了，可是我什么时候变得这么虚伪了呢？

忙碌了一辈子的老人，忽然停下来什么都不做，一定不自在，享福也不是件容易的事，让他们干些力所能及的事情，才是真的爱他们，何必在意别人怎么看怎么说呢？

从那天开始，他不但再没有反对过父母的行为，而且在小区里看到旧纸箱、矿泉水瓶子什么的，会主动捡起来，带回家中。从那天开始，他主动腾出一间屋子，给父母做储藏室，以防父母把废旧物品堵在阳台上，有碍观瞻。父亲拍着他的肩膀说："好小子，像我的儿子，到什么地步，都别忘记了，你是一个农民的儿子。"

很多时候，我们常常会把虚容当成外套一样穿在身上，这件外套也许很名贵，也许很华丽，也许很惹眼，但是，穿在身上是否舒服，是否保暖，只有穿过的人才知道。

别让虚荣把幸福打败，当虚荣的指数很大的时候，幸福的成色就会不足。

其实你无须这样辛苦

实际上，每个人天生都有自己的使命，只要路径和努力方式得当，就可以过上想要的生活。选择做真实的自己吧，其实你无须这样辛苦。

左手的第四根手指像一个离经叛道的人，不知道恪守本分，只一宿的工夫，便肿胀得像一个洋葱头。十个手指，尽管不是水葱一样嫩，但也是绵绵玉手，左手的第四根手指却以逆向思维的方式，很快在十个手指中博得出位和我的特别关注。

我擎着那只让我疼得心烦意乱的左手去医院，医生说感染了，可能是被鱼刺扎了，或者是起了肉刺被我强性拔除导致的结果。我皱着眉头努力回想，可是脑子里却并没有这样的画面。不管过程怎么样，结果是，我左手的第四根手指感染了。

医生给了我两种选择，要么回家等着患处自生自灭，要么让医生处置一下，很快就会好起来。我犹豫挣扎了狠久，心想，这又不像花开的过程那般美丽，谁知道感染的地方什么时候会好？犹豫的结果，我选择了第二种方案，在外科的无菌室里做了一个不算手术的小手术，把左手第四根手指的指尖切开引流。

打了麻药，很清醒地看着医生大剪刀换小剪刀，小剪刀换更小的，几分钟的时光忽然变得悠长起来，我看着天花板，一直看到眼睛有些发酸。

出来的时候，左手的第四根手指，缠满了白花花的绷带，一直吊到手脖子上，看上去有些悲壮。直到此时，我也没有意识到，这个叛逆的第四根手指，会就此在我的生活中缺席一段时间。

医生没有让我住院，也没有给我开口服药之类，只叮嘱我隔三天来换一次药。

从来没有想过，缺失了一根手指会给生活带来什么不便，事实上，缺失了一根手指，不是给生活带来了不便，而是带来了翻天覆地的变化，整个生活都彻底乱了套。过去需要两只手共同合作完成的事情，现在只好由一只右手来操作，左手尽管只缺席了一个手指，其他手指因为这根缺席的手指的连累统统都成了摆设。

早晨洗脸，为了避免那根缺席的手指再度感染，只好由一只手来完成，过去洗脸都是由两只手共同来完成的，现在只好用一只手胡乱地抹一把，也不管有没有洗干净，可是最后一道工序还是难住了我，一只手不能拧毛巾，我沮丧地把毛巾丢进洗脸盆里。

最难过的是不能打字，过去是两只手在键盘上像跳舞一样，噼噼啪啪地响，一些字，行云流水样从指下流出来。现在变成了"一指禅"，一只手在键盘上，像拣黄豆一样到处找摸索，费了半天的劲儿，才打出几行字，心底里满满都是郁闷和泄气。

最要命的是，不能洗澡，不能洗头发，不能洗衣服，凡是与水沾边的行为基本上都被杜绝了。清水洗尘，我只能眼巴巴地看着，任由灰尘与我结缘。

我厌倦了这样的生活，看什么都不顺眼，窗台上的花儿开得正好，我却视而不见。一只麻雀在阳台上散步，我却赌气把它哄走，得意什么啊？去医院换药，白衣天使脸上的笑容也让我不舒服，明明我疼得钻心，她们的脸上却是波澜不惊的神情，仿佛在说，你这一点点疼算什么啊？我什么都不能做，每天擎着我亲爱的左手走来走去，嫌爱人啰嗦，嫌孩子不够上进。

左手第四根手指的擅离职守，把我的生活工作搞得一团糟。那天，爱人下班后，在厨房里忙碌，准备晚餐，我插不上手，在旁边看着，每一个细节都必须要由他亲自完成。氤氲的湿气中，我有些发呆，过去，第四根手指不曾缺席的时候，我从来没有觉得这样的画面有什么可贵的，都是一些家常的镜头，每天都要重复。可是现在我却觉得，婚姻生活太像左手和右手了，左手和右手的熟悉，左手和右手的协作，左手受了伤，右手要继续工作。就像我和他，不管遇到什么困难，都要相濡以沫，相互扶持。

儿子放学回家，把我的每一根手指打上香皂，用毛巾一根根地清洗干净，努力不碰触我那根暂时缺席的第四根手指，我看着并不大会照顾人的儿子，笨拙的样子，心中生出暖暖的感动。

十个手指，每一个都安好的时候，就是一个小小的团体，聚在一起，就会产生力量。有一个手指缺席的时候，这个小团体就溃不成军，什么事情都做不好。

在等待左手第四根手指归队的日子里，我深深地体味了烦恼和不便，也让我感受到了温暖，懂得了珍惜，知道了一点一滴的幸福，都来源于平凡不起眼的小事中，懂得了团队与协作的重要性。

给心灵留一隅"纯爱"，盛放那些美好和干净

年少时，我们都曾有过朦胧懵懂的情感，只是单纯的渴望，渴望和那个人在一起，在一起哪怕什么都不说也幸福。只是纯粹的想念，想念那个人的一颦一笑，时光定格，那一颦一笑都会让心颤抖。

朋友的朋友是一个事业成功女性，身家千万，有自己的公司，有自己的香车豪宅，可是35岁了，却没有老公。偶然的机会里，她遇到了他，一下子动了凡心。

和她相比，他没有她优秀，只是一家公司里的小职员，既没有洒脱飘逸的外形，也没有足够装点门面的财富，充其量是中人之姿。可是她却爱他爱得很疯狂，看他时的眼神都带着温度，给他买衣饰，送他小礼物，他过生日时，甚至送了他一辆车。

他被吓到了，思谋良久，她图自己什么呢？凭什么对自己这么好？好到不求回报，好到他想干什么，只需一个眼神，她就会意会。他忐忑不安地问她："我没车没房，事业也无所成，你图我什么呢？"她乐，有些调皮地说："我什么都不图，就是想和你在一起。"

一听这样的话，更加坚定了他离开的决心。无所图就是最大

的图谋，物质时代，爱情也被打上烙印，谁会单纯地生活在世俗之外？

他转身，隐匿在人海里，悄悄退出她视线所能及的范围。

许久之后，他猝不及防收到一条手机短信：18岁那年，我们家隔壁搬来一个少年，他有一头卷发，细眯眼，眼神清澈，每天背着书包在小院子里进进出出，我常常躲在丁香树下偷看。他的脚步声，他挥手的动作，他回头的样子都会令我心醉。可惜我从来没有跟他说过一次话，因为缺乏勇气，因为怕他置之不理。一年后，他随家人搬走了。**茫茫人海，从此天涯，我以为再也没有机会遭遇彼此，可是，前不久，却偶然遇到你……**

他落泪了。

他不明白，为什么人一长大，就不再相信纯粹美好的事物？就会变得极端复杂起来？一旦遇到好事，总会认为是别有用心，是另有所图，是真实背后的阴谋。

听完这个故事，我唏嘘良久。想起在搜狐网上看到的关于"纯爱"的投票，导致"纯爱"灭亡的四大要素，第一条是社会开放。大环境相对宽松起来，别人不再对他人的私生活感兴趣，失去公众约束力，道德底线降低，小三和二奶也相对活跃。第二条是物欲横流。最具代表性的名言是，宁肯坐在宝马车上哭，也不坐在自行车后座笑。这是对物欲横流的最好总结，赤裸裸地拜金，腐蚀了爱情的纯度。在这里，宝马代表物质，自行车代表精神，物质高于精神时，纯爱的生存空间相对狭小。第三条是社会压力大。几乎每一个人都忙得像陀螺一般，从咿呀学语的孩童到老人，忙工作，忙学习，忙应酬，忙得脚打后脑勺，稍有松懈，就会被生活甩出快车道，风花雪月的爱情成了紧张生活的点缀，就像蛋糕上的草莓，即便没有那枚草莓去装饰，蛋糕仍然还是蛋糕。第四条是孩子太早熟。信息爆炸年代，被动接受一些不该接受的信息，使孩子的童年在缩短，小小的年纪就变得"复杂"起来，据说现在的孩子，初恋已经等不到青春期，提前到幼儿园时代了。

我没有参与投票，因为在我的内心里，始终相信有"纯爱"。尽管这个年代，爱情看上去更像一个浪漫的笑话，但在我的内心深处，仍然觉得，纯爱是一种心灵上的净化，是精神上的回归，有人性中最美好最温情的一面。

如果说纯情是年少时光里，眼睛里没有揉进沙粒，没有摄入世俗浊事，是非常纯粹的一种情感，那么纯爱则是抛却金钱物质，功名利禄，打破贫富差距，甚至没有身体交集，全身心地、不顾一切地去爱一个人。

一部电影，让"纯爱"两个字，旋即成为主流词汇，风一样刮过每一个角落，勾起了很多人对年少时光的怀恋，对唯美情感的向往，对柏拉图式精神恋爱仰望。

年少时，我们都曾有过朦胧懵懂的情感，只是单纯的渴望，渴望和那个人在一起，在一起哪怕什么都不说也幸福。只是纯粹的想念，想念那个人的一颦一笑，时光定格，那一颦一笑都会让心颤抖。

岁月流逝，红尘辗转，曾经的少年经过岁月的风尘，变得成熟凝重起来。成长是一个过程，在这个过程中，我们会收获很多，也会摒弃很多。人变得成熟了,思想却变得复杂了。人变得世故了,却失掉了年少时的那份纯真。道理悟得通透了,却常常把自己堵进死胡同。但是,不管时代怎样变迁,人们追求美好生活,向往纯粹爱情的心愿是永远不会改变的。

留一隅空间给心灵,用以盛放美好和干净的东西。

不开心的时候，
唱歌给自己听

生有时，死有时；栽种有时，拔毁有时。人在周围种种事件中行过，在每一记"当下"中完成其生平历练。

一帮朋友聚会，饭桌上，小戴自告奋勇要给大家唱上一曲，他扯起破锣般的嗓子，声情并茂地为大家唱了一曲老歌《朋友，别哭》。大家先是求饶，开玩笑说："小戴啊，饶了我们的耳朵吧！你找个没人的地方自己抒抒情，你这五音不全的嗓子多影响大家的食欲啊！"

小戴也不恼，说："我唱歌给自己听，麻烦大家捧捧场。"大家面面相觑，问他："小戴，你是不是升职了？有什么好事说出来让大家分享一下。"小戴摇摇头说："正相反，最近刚失业。"有人不相信，说："失业了还穷乐和什么啊？"小戴不以为然，"不但失业了，而且体检的时候还查出来生病了，人生的两大烦恼都被我赶上了，难道我从此与快乐绝缘，与烦恼相伴？"

听了他的话，大家都静默不语。

想想也是，按照正常人的正常思维，多数人失意的时候、遇到挫折的时候，都会选择消极地对抗，独自烦恼或忧伤，唉声叹气，苦巴巴的一张脸，仿佛世人都欠了他的债一样，甚至有的人会借酒浇愁耍酒疯，搞得家里乌烟瘴气，除了伤及最亲的人，让他们担心和难过，还会伤及自己。

很少会有人像小戴这样，以积极向上的态度，乐观地面对所遇到的困难和失意。其实小戴的人生之路走得并非平坦，大学毕业那年，因为急于找工作分担家里的经济危机，被人骗到南方某地的一家传销机构，挣扎了很长的一段时日，折腾得身心疲惫，才伺机跑了出来。后来去了一家营销公司，因为轻信的缘故，致使公司蒙受了很大一笔损失，不但被公司开除了，还要包赔公司的损失。

懊恼之情可想而知。

刚毕业那段时间，他的人生之路走得泥泞而且危机四伏，稍不留神就会一脚踩进烂泥里，他也曾暗淡过，他也曾心灰过。他的并没有多少文化的父亲对他说："孩子，不开心的时候，就唱唱歌给自己听吧！"他把父亲的话记在心里，在迈出校门刚入社会的最初，没有多少人生经验的他，不停地犯错，然后不停地唱歌给自己听。

刚开始，他有些害羞，找没人的地方，喊上两嗓子，心中郁结的块垒仿佛真的随着歌声一点、一点消失了，快乐的情绪慢慢漫上来，原来堵在心中仿佛致命的事情，居然逐渐变小，狭小的心房变得开阔起来。

渐渐地，他爱上了这个习惯，随时随地，开车的时候，走路的时候，甚至早上刚刚起床，他都会轻声地哼着歌。

快乐会传染，唱歌给自己听，把好心情带给别人，也带给自己，生活的哲学其实很简单，清水照人，你快乐了，生活也就会回报给你快乐！

不是所有的减法生活
都值得推崇

我们不是生活在真空里，谁真的想要没有营养又不养眼的减法生活呢？一味地贪多，什么都想要，显然不切实际。一味地舍弃，什么都不想要，更是盲目从简。只有适当舍取，人生才会完满。

她是一个狂热的减法生活的推崇者，多年漂泊，养成了一切就简的生活习惯。所有的生活都随手挤压在一只皮箱里，从一个城市到另一个城市，从一个单位跳到另一个单位，她拎着皮箱从容地在江湖上闯荡，从没有为丢掉的东西而后悔，从没有为简便的生活而不甘。

最初，是大学毕业那一年，小小的行囊塞不下更多的东西，所以许多旧物、旧书统统被弃置，扔了一地，和那些没心没肺的孩子一样，个个像凯旋的将军，没有丝毫的惋惜与留恋，只有即将踏入新生活的兴奋与憧憬，所以扔掉了那些与新生活不相干的东西，是为了更好地前行。

因为不断地搬家，所以旧物不断地被丢弃，她的行李始终就是那一只箱子。她常说，减法生活就是剔除生命之中可有可无的累赘，不被物欲、贪欲所左右，还原生命的本真，让我们生活得更为真实，更为自然，更为宁静，更贴切生存本身的意义。

后来她结婚了，还是没有改掉减法生活的习惯，冰箱里从没有隔夜剩下来的饭菜。因为怕吃剩饭剩菜，她总会及时地倒进垃圾桶里。节约了一辈子的婆婆因为看不过去，说了她几次，她嘴上答应得好好的，但依旧我行我素。婆婆一气之下，眼不见心不烦，跑回自己家中，一个人过日子去了。老公因为这件事儿，很久都没有理她，觉得她不可理喻。

一次，朋友约她去喝茶，刚好那天她有些私人的事情要处理，于是就说不。朋友连着约了她两次，她碰巧都有事儿，于是朋友生气，很久都没有给她打电话。她也有些难过，她老公说，你给她打电话解释一下，就雨过天晴了。她不肯，她说，如果是真的朋友，不会因为这点事情就生气，如果不是，生气就生气吧，失掉了也没有什么可惜。

工作中，她从不与人争抢什么，她不会为了一个职位或者年终奖什么的跑到老板的办公室里跳脚闹腾。有一次一个同事怀疑她在老板面前讲了他的坏话，大家都让她去解释，她淡淡地笑，这种事儿，越描越黑，他爱怎么认为就怎么认为吧！

渐渐地，她失掉了亲情的呵护，失掉了爱情的滋润，失掉了朋友的信任，失掉了同事的协作。一个人过着孤家寡人、清汤寡水的生活。

减法生活真的快乐吗？

当我们减掉了亲情，减掉了爱情，减掉了友情，人生是不再臃肿了，可是那些亲情友情爱情带给我们的快乐，也被减掉了，生活是简便了，可是清汤寡水的生活真的是你想要的吗？

我们不是生活在真空里，谁真的想要没有营养又不养眼的减法生活呢？一味地贪多，什么都想要，显然不切实际。一味地舍弃，什么都不想要，更是盲目从简。只有适当舍取，人生才会完满。

狠狠爱，而后稳稳的幸福

不要为明天忧虑，天上的飞鸟，不耕种也不收获，上天尚且要养活它，田野里的百合花，从不忧虑它能不能开花，但是它就自然地开花了，开得比所罗门皇冠上的珍珠还美。你呢，忧虑什么呢？

心血来潮，忽然很想做一个测试：如果你整天忙忙碌碌，做最累的工作，赚最少的钱，租住又旧又小地角又偏僻的房子，而且一刻也不能停歇，你会快乐吗？别人住豪宅，开宝马，吃腻了山珍海味，厌倦了声色犬马，挥金如土，气势如虹，而你却要为一日三餐，马不停蹄地奔波在骄阳似火的大太阳下，汗珠落地摔八瓣，看人脸色，低声下气，你会快乐吗？

问了几个朋友，得到的答案几乎是一致的。朋友小赵性子耿直，快人快语，他说："我脑子长歪了？叫驴踢了？算不过来账是怎么的，我快乐得起来吗？人家坐着，我站着；人家吃着我看着；人家坐车我跑步，人家休闲我忙碌，我凭什么快乐啊？"

这个答案我一点都不意外，生活在滚滚红尘之中，平常之人都有一颗平常的世俗之心。人家有的我也要有，人家没有的我也想有，没见得你比我多付出多少，你凭什么得到的比我多？

另外一个朋友小江，倒是心平气和，他说："我不会快乐，但也不见得会生气，人活天地间，各人有各人的造化，各人有各人的命，他住他的豪宅，我住我的草房，井水不犯河水，互不相干，根本没有可比性。对了，忘记说了，香车豪宅未必尽是如意人生，未必没有烦恼，草房之内也未必尽是忧愁，幸福的尺度不一样，快乐的标准不相近，所以很难说哪种生活更快乐！"

我打趣他，你出家算了，一点气焰都没有。他好脾气地笑笑，"我不是故作姿态，我真的是这样想的，我不想做房奴也不想做孩奴，更不想做什么工作狂，只要身体健康，食有粥，就上上大吉了。"

这个测试我问过很多人，答案几乎都相差无几，唯有朋友小唐跟他们的答案不同，而且出乎我的意外，她说："我会快乐的。为什么不呢？虽然我目前的状态是居无定所，去外面吃个像样点儿的饭都很奢侈，连份像样的工作都没有，是个彻头彻尾的'蚁族'，可是我一样会很快乐！因为我没有时间去抱怨什么，更没权力去挥霍青春，我能够掌控的，就是好好活，一点一滴都是生活的滋味，让生活美好起来。"

唐是一个 80 后的女孩，大学毕业后换过很多工作，做过推销员，广告公司职员，媒体从业人员等等，每一次她都咬牙坚持着，拿很少的薪水，和同伴一起租住很小的房子，每个月的开销都有预算，告诫自己不冲动消费，关注折扣信息，只买自己需要的，不参加一些无聊的应酬，不随波逐流，不人云亦云。

我惊叹她的理性，看着她像一只蚂蚁一样，不停地在都市里奔波忙碌，不懈地追求和努力，一点一点靠近自己的梦想。她说：

"我有梦，所以我很快乐！"

　　她常常教我一些生活的小常识和省钱的小窍门，比如早餐不能空腹，一杯牛奶，两片燕麦面包，对于恢复体能有很好的帮助，可以精神饱满地开始一天的工作。喝牛奶时不能空腹，否则蛋白质会凝结，影响肠胃吸收。室内多种植绿色植物，养眼心情舒畅又能充当空气清新剂。煎荷包蛋的时候，在蛋的周围滴几滴水，煎好的蛋特别鲜美。

　　我不认识似的盯着她看，盯着这个无限热爱生活女孩看，是的，狠狠地热爱，我喜欢这个词，这说明了一个人的状态。她笑，我脸上结大米了？你看什么啊？我说："你真了不起，你会成功的。"这句话是由衷的，很多人，身处逆境的时候，奋斗过几次，没有成功，也就放弃了，可是她不，她一直坚持不懈。

　　她的脸红了，小声嘟囔："蚂蚁很小，每天都在为了一份食物而不停地忙碌，一刻也不偷懒，一刻也不停歇，没有人会停下脚步关注它们的状态，可是蚂蚁也有自己的喜怒哀乐，必须学会自我调节，自我掌控，人生短暂，快快乐乐是一辈子，愁眉苦脸也是一辈子，我快乐，所以我赚了，从一开始就赚了。"

愿你与尘世所有美好，
狭路相逢

幸福从来都是为那些平和、温暖、从容的人准备的。

长长的一生中，每个人都会与幸福相遇，幸福来时，你与幸福热情相拥，还是把幸福关在了门外？

幸福虽然是一种很玄妙的感觉，但假如一个人或一件事情，让你有愉悦的感觉，那就是幸福吧！

有一次和朋友闲聊，朋友转动着手中的茶杯，感慨地说："人真是一种奇怪的动物，我就搞不懂，我父母都年事已高，可在一起却像孩子一样吵吵闹闹，互不相让。我们看着心烦，劝这个，拉那个，结果一不小心，两个人一起把矛头指向我，说我不明就里地偏袒另一方。

一赌气，我把母亲送到姐姐家里住几天，因为姐姐刚生了小宝宝，需要有人照顾。

母亲一走，父亲开始坐立不安，茶饭无心，有时候坐在沙发上看书都在走神。我担心父亲生病了，想把他送到医院检查一下。父亲黑着脸对我吼：'好好的去什么医院？你才有病呢！' 好心换来父亲的苛责，自然会有情绪。

有一天，我上班刚想走，父亲拉住我，嗫嚅着说：'去把你妈接回来吧！少了她在身边还真不习惯。'我惊讶地看着父亲，'你之前不是说，眼不见心不烦吗？'父亲像个孩子似的略有些羞怯，小声叨叨：'那不是气话嘛！'"

朋友喝了一口茶，皱着眉头对我说："真搞不懂他们，在一起就吵，分开了又牵挂。"

朋友的话让我颇有所思。其实他不懂，争吵只是相处的一种方式。有的人在一起，三天就磨合好了；而有的人，需要一辈子去磨合。两个年事已高的老人在一起，互相能看到对方，不管干什么，对方都会在你的视线之内，那就是幸福。幸福其实很简单，幸福的门槛也很低。

小孩子的幸福很简单，手里拿着一根棒棒糖，脸上就笑开了花儿；有一个氢气球，就会乐好半天。因为幸福的门槛低，所以在小孩子的脸上最容易捕捉到快乐的微笑。

小区的门口，有一对经营修鞋摊的小夫妻。有一次我从外面回来，看见两个人你一口我一口地在分享一个烤红薯，脸上的甜蜜慢慢流淌出来，一下子覆盖了我的心。在别人看来，一个修鞋的摊子，有什么前途和幸福而言？可是女人说，我们不但能养活自己，还能养活孩子和老人；有了节余，还能接济那些更困难的亲朋好友。

都市里衣冠楚楚的金领、白领，未必能比这对乡下小夫妻幸福。富人有富人的烦恼，穷人有穷人的快乐，因为幸福的门槛是不一样的。

幸福从来都是为那些平和、温暖、从容的人准备的。贪婪的人没有幸福，心中被欲望填满的人也不会有幸福。有钱了还想更有钱，漂亮了还想更漂亮，不懂得珍惜的人也不会有幸福。

把幸福的门槛设置的高低，决定了幸福的程度，把幸福关在门外，那是傻子。把幸福放进家里，才是聪明人。

我们都会遭遇苦难，
需要相互温暖

倘使能够明白一万个懊恼的追悔抵不上一个真诚的现在，从此学会珍惜，珍惜身边人，珍惜身边事，珍惜与亲人，与朋友，甚至是与心存嫌隙之人每一天的相遇与相守，倒也不枉一番伤怀了。

那天晚上有些胃疼，吃了药好容易睡着，忽然被一阵骤响的电话铃声惊醒，我抓起电话，没好气地问："谁啊？都这晚了。"电话彼端响起一个怯怯的声音："有一件事情在我心中憋很久，想找个人说说，不然我睡不着觉。"我忍不住低声笑起来："先生，你真幽默，我这不是倾诉热线，再说现在是午夜两点，有没有搞错啊？"刚想挂掉电话，彼端的男人像长了千里眼一样，用近乎哀求的口吻说："只占用你十分钟的时间，麻烦你听听，那件事搁在心里，真的很难受。"

"半年前的一天中午，我沿着市场路回家，走到十字路口，红灯亮了起来，我停下脚步，下意识地伸手摸了一下口袋，这一摸不要紧，我的脑袋一下子大了，冷汗刷地一下冒出来，口袋里的5000块钱不见了。

"这钱可是急等着救命的。我的女儿在加拿大留学，一年学费要二十万，我和妻子的工资都不高，加起来一年三万块左右，除了第一年，倾尽家里所有，还借了一点凑够给女儿的学费之外，女儿很争气，知道我们不容易，她一边上学，一边打工挣自己的学费，基本上没用我们操什么心。

"可是前段时间，她打电话来，说生病了，住在医院里，没有打工，手里没有钱，连饭费都成了难题，她电话里哽咽着，希望我们能帮帮她，给她汇一点钱。一方面我心疼女儿生病没钱人生地不熟的境遇，另一方面我又痛恨自己的无能，因为我手里一分钱都没有，女儿走后这两年，我一直在忙着还饥荒。现在，又把好不容易弄到手的钱弄丢了。

"我沮丧万分地沿着那条路往回走，见着人就问，有没有看到我丢的钱？路人都在摇头，就在我近乎绝望的时候，看见路边有一个年轻的女人，三十几岁的样子，手里拿着一个牛皮纸纸袋，脚边站着一个五六岁的小女孩。

"我想告诉她那钱是我的，可是又怕她不相信，把事情搞砸了，所以没敢冒险，于是坐在离她们不远的长椅上，用一张旧报纸遮住脸，观察那母女俩的行动。

"那天天很热，该死的知了一个劲地在树上叫，叫得人心烦，女人和小女孩一直坚守在太阳底下那个丢钱的地方，等着失主前来认领。女人隔一会儿就挥手抹一把额上的汗，路边有卖冰淇淋的摊子，有手里擎着冒凉气的冰淇淋的孩子从她们的身边经过，小女孩眼馋地吸吮了下嘴唇，仰着脸问妈妈，给我买一支雪糕吧？妈妈说：'不是跟你说过了吗，今天妈妈出门的时候因为着急，忘

记带钱包了，改天再给你买。'

"小女孩不甘心地盯着妈妈手里的牛皮纸袋，眼睛一眨不眨地说：'可是我们现在有钱了，那么多的钱，能买好多冰淇淋，给朵朵买一支冰淇淋就够了。'小女孩的口气由商量转为祈求。妈妈叹了一口气，蹲下身说：'朵朵乖，这钱不是我们的，不能花啊，一块钱也不行。'

"我松了一口气，想来女人和小女孩不会太难为我，刚想过去认领，听见小女孩说，妈妈，这钱留着给我治眼睛吧！妈妈不是说我的眼睛再做一次手术就能彻底看见星星了吗？女人叹了口气，摇了摇头说，等妈妈把钱攒够了，就带你去治眼睛。

"我这才注意地看了看小女孩，看不出任何的异常，如果不是偷听了她们母女的对话，我真的看不出来她是个盲童。

"我急了，我真的害怕她们把这钱据为己有，我哗拉一下扔掉报纸，走过去，结结巴巴地说：'钱是我的，可以还给我吗？'女人笑着问我：'总共多少钱？有什么凭证？'我结结巴巴地说：'钱是5000块整，用牛皮纸袋裹着，牛皮纸的反面用油笔写着数目。'女人核对了一下牛皮纸反面的凭证，然后笑吟吟地把钱还给了我，还叮嘱我，别再弄丢了，挣点钱都不容易。

"我连连点头答应，把我的电话号码写在一张小纸条上留给她。问她的电话地址什么的，她腼腆地笑，说，谁捡到都会还给你的，这是做人的底线。

"分手的时候，我站在那个地方发了半天呆，思量再三，最后还是决定尾随她，看看她住在哪里，以便将来有机会也好表示一下我的感谢。那个女人上车下车，转了几遍车，最后来到郊区一处低矮的平房前，我看着小女孩蹦蹦跳跳地推开柴门。那一刻，我怔住了，同样都需要钱，同样都是为了女儿，可是我都干了什么呢？

"女儿要钱，我急得抓耳挠腮，这两年除了还饥荒，根本没有多余的钱，那天去朋友那儿想借点钱，看到朋友的钱，随意地丢在客厅的茶几上，我想都没想就"拿"了一打揣进口袋里，朋友是生意人，为人豪爽，对钱没有概念，请人吃饭，一掏一大把，眉头都不皱一下，所以起了顺手牵羊的杂念。"

那个男人在电话里，反反复复地说着一句话：我是好人，你相信吗？我说相信。

他说："如果不是那天偷听到小女孩和她妈妈的对话，我仍然会心安理得，朋友的钱那么多，我只是'拿'来急用，又不是去挥霍。可是小女孩的妈妈说，做人要有底线，滚滚红尘中，我的底线哪去了呢？

"当然，后来我悄悄地把那笔钱还回去了，可是这件事像一块巨石一样压在我的胸口，现在说出来，心里舒服了很多。"

听完了他的故事，他舒服了，我却被这个转嫁过来的故事弄得再也睡不着，是的，苍生浮世，碌碌红尘，做人要有自己的底线。

愿你成为生活的自由身

愿你想笑的时候，可以笑；愿你想哭的时候，可以哭；愿你想成为自己的时候，可以成为自己。

我有一个朋友，他喜欢用加法算式来计算人生，喜欢用物质来判定人生的成功与否。本来他有一份不错的工作，月收入4000元左右，在我们这个中等城市里，只要不过分奢华与腐败，过一份自己想要的生活还是不成问题的。可是他却把自己的目标定位在远远高于自己的收入之上：譬如买车买房，送女儿读贵族学校，5年之内挤进富人区。

除了工作之外，他想尽各种办法赚钱，兼职，打零工，甚至不惜降低自己的人格，求得一份物质上的满足，背负着一份与现实生活相去甚远的梦想。当然，他也是我们几位朋友中最早进入小康的，几年之后，他买上了200平方米的房子，拥有了属于自己的车，可是他却并不快乐。仔细看他，早已不再像当年那样洒脱自如，背也有些驼了，腰也有些弯了，甚至依稀可见黑发中点点的白发。

我有些不解，问他，何必把自己搞得像生活的奴隶？留下一份娴静的心情，品茗，观花，赏月，和自己的家人在一起，读自己喜欢的书，听自己喜欢的音乐，甚至出门旅行，享受生活的安稳平静，有什么不好？他说，他愿意像现在这样，看着车子和房子，他有成就感和满足感。

天知道他是不是有成就感和满足感，每月的按揭压得他像一只不停旋转的陀螺，一刻不能停歇，要交 20 年啊！20 年后，但愿他还会拥有这份成就感和满足感。

有时候，我也羡慕朋友的精力充沛，他除了要很多很多的物质，也喜欢和各色美女打交道，不怕苦，不怕累，不怕麻烦。然而，终于有一次惹了麻烦，和一个名花有主的女人约会的时候，被跟踪，被 PK。

他抚着尚有淤血的脸问我："我究竟错在哪里呢？我不过是追求我自己想要的生活，这不过分吧？"我笑，说："你错就错在，有钱了，还想有更多的钱。有爱了，还想有更多的爱。像极了一种小动物——蚂蚁，它们一生都不停地往巢中搬运食物，甚至累死在搬运食物的路上，可是它们究竟吃掉了多少呢？"

不敢妄断哪一种人生更好，现代人快节奏的生活步伐，辛劳的工作，频繁的应酬，复杂的人际关系，常常会令人茫然失措，晕头转向，几近窒息。**把拥挤的生活打理得脉络清晰，不失为一种明智的选择。**

其实，不管是减法生活，还是加法生活，都应该适度节制，而不是盲目地要那些不属于自己的东西，**贪婪是人性的弱点，也是快乐的大敌**，如果以快乐为代价，即便得到你想要的东西，你还会快乐吗？

第四章

唯愿彼此心中留下温暖

当沉默再次降临在你们之间时，

请不要恐惧沉默，

不要逃避沉默，

试着不去打破这份沉默，

试着不去做些什么，

不去说些什么，

而只是选择沉默地彼此陪伴，

试试看，也许你能感受到

这沉默中蕴含的爱与安心，

并在这其中看见自己。

把自己放逐到山水中，
过一天不带电的日子

一个人，不用太长时间，不必走太远，甚至不用行李，就是随着心情去走，去认识那些每天都能看见却从未走近的地方，就像到了一个全世界都找不到你的小天地。让所有包袱，统统被安静的自己消化。

1.

通常情况下，只要一提到度假，人们的思维意识里，马上会出现一幅画面，自然就会想到山野、别墅，清流野趣，悠闲自得，就会想到阳光，美景，舒适这样的字眼。

度假是为了休整疲乏的身体，调节情绪，平衡心态，是为了更好地投入到新一轮的生活、学习和工作中去。

一度，外出度假是颇为时尚的事情，小资们手里提着一只旅行箱，一个人悄悄地走在路上，低姿态，放飞心情，放飞理想。

后来，旅行成了一种时尚，一到节假日，呼朋引伴，举家奔袭旅游景点，成了大众的首选，去远方看风景，最不济也去公园里转一圈。

常常碰到这样尴尬的境况，没有提前订房，酒店住不上，只好在附近脏乱差的小旅馆里将就一晚，闻着满屋的臭脚味，看着地下情侣灰蒙蒙的脸，感受着劣质烟草和暧昧的氛围，实在忍无可忍，好不容易挨上一宿，第二天再另做打算。

到了旅游景点，更是一票难求，而且人挨人，人挤人，那份喧嚣和躁动令人不堪忍受，再有名的景点，再有出处的典故，也无心欣赏，只盼望着快点结束行程，打道回府。度假，变成了鸡肋，变成了一种忍耐，心理、生理，以及体力的极限挑战。

下一次再外出度假的时候，吃一堑长一智，自己操心受累，景点也没看好，心情也没有放松，而且吃住行都很费劲，于是选择了跟团。岂不知跟着旅行团出门度假是更糟糕的事情，在导游的指挥下，急行军似的，吃饭，拍照，购物，睡觉，自成一统，速战速决，钱没少花，累没少出，却什么都没看到，回到家里，看着照片，脑子里画了好几个问号，我去过那个地方吗？

度假，这样美好的字眼，应该是极度放松，享受时光，享受恬淡，享一份美好的心境，让烦恼和莫明的坏情绪，回收到垃圾站，让阳光重新照耀心灵。可是来去匆匆的旅程，度假成了一份苦差事。

终于，再有假期，不再人云亦云地奔袭人山人海的著名景点，而是选择了居家度假。一家人，带上老人孩子，骑上自行车，准备好面包，矿泉水，茶叶蛋去附近的农村小镇观光，教孩子认识植物，认识花草树木，享受天然氧吧的氧气，中午在田野或树林边野餐。

那种时候，你会觉得，生活原本就应该是这样，少了拥挤，多了放松。蓝蓝的天，白云跑马，空气清新。不刻意追求什么，不刻意做作，与时尚无关，与品味无关，与快乐有关。

度假是放松心情，恢复体能的首选，但是选择度假的方式，学问却非常大，选择得体，身心愉快，选择得不好，很有可能劳而无功，还惹了满肚子烦恼和一腔的愁怨。

2.

当下的城市，越来越有都市的风格，楼房越来越高，像密密麻麻的丛林，穿行在高楼林立的丛林里，常常会迷失。马路上的车流越来越密集，过不去马路是小事儿，到处都是乌烟瘴气，尾气烟尘污染严重。不管去商场集市还是走在街上，到处都是人头攒动，在向城市化转型和过渡的进程中，城市的人口的密度忽然间就增大了，像雨后的春笋一样。

一上街就头疼，只好在家里，宅久了就宅出毛病了，看电视、上网、玩手机、煲电话粥、听 MP3、看 DVD，宅得住完全是因为电，自然而然地就和电耗上了，从粒子到量子，电给人类的文明插上了翅膀。

在杂志上看到一则好玩儿的今人今语：说宅男是一种很不稳定的状态，只要一停电，就会变成山顶洞人。其实不光男人如此，女人大抵也是这样，厨房用品，浴室用品，哪一样离得了电？

时间一久，生活在城市里的人都得了一种怪病，只要一停电就不会生活了。可是老不停电，副作用也随之而来。

在电视电脑前面坐得时间久了，健康状况每况愈下，腰酸背疼，颈椎发麻，关节发轴，最重要的是，脑子里混沌一片，迷迷糊糊，有时还瞬间空白，于是和老公商量，每周过一天不带电的日子，老公笑骂："犯什么神经啊？你想退回到原始社会？人类社会文明的发展就是因为有了电，若断了电，有重要邮件收不到怎么办？若关了手机，父母或单位有什么重要的事情怎么办？不听歌不看电视没什么了不起，可是你能不用电饭煲不用微波炉等家用电器吗？你想过茹毛饮血的部落生活？"

我乐了，每周就过一天不带电的日子，有想象的那么严重和恐怖吗？尝试一下也未尝不可。我拍着他的肩头说："勇敢点，实在不行，我们还过回带电的日子。"

他勉强被我说动，其实也不是被我说动了，只是不想和我较劲，所以松口。

我选择在周六这天断电，工作了一周，周六应该是最疲惫的一天，所以上午和他一起去郊区爬山，换换空气。

十月间，天气凉爽，郊区的空气尤其新鲜，深深地呼吸一口，有甜丝丝的清凉味道。山不是很高，但绿树葱茏，藤蔓植物互相纠缠着向上攀去，偶尔会有野花夹杂在其中，看着养眼舒心。向上攀爬的过程中，我摘了一大把红彤彤的酸枣握在手里，扔一颗在嘴里，又甜又酸。下山时，在果园边上看到农人在采摘南瓜和苹果，他们个个脸上挂着笑意，那是丰收的喜悦，没有半点的做作和伪饰。

下午和他一起去海边钓鱼，金秋十月，大海碧蓝，天水一色，鸥鸟低飞，船桅入港。他买了很久的渔具终于派上了用场。放线，下钩，然后在峭壁底下半躺着，眯缝着眼睛看着远处的风景，晒着暖洋洋的太阳，等着鱼儿上钩。

晚上回家，简单地洗漱，早早上床躺下，因为断电，所以不方便熬夜，原本以为会在床上翻来覆去地烙饼，谁知没用多久，便沉沉睡去。

因为爬山和钓鱼都是体力活儿，体力透支比较大，所以这一觉睡得很香很长，第二天早晨起来时，已是阳光明媚。

恢复体力后，神清气爽的他，第一时间冲到网上，收邮件看留言，我问他，有什么大事儿发生？他叹了口气，说什么重要的事情也没有发生，天下本无事，庸人自扰之。

关了电脑，他赶紧打电话给父母，吞吞吐吐地问："昨天我的手机没电了，家中没发生什么大事吧？"他的母亲大人说："你发烧烧糊涂了吧？你一天没开机，我们能有什么大事发生？我们家又不是国务院，时刻要处理大事儿……"

他讪讪地放下电话，我笑，说："过了一天不带电的日子，又不是世界末日，能有什么大事儿天天发生？住家过日子，都是芝麻绿豆的无头公案，早一天晚一天又不会天下大乱，至于紧张成那样？"

从那一天开始，我们爱上了这种不带电的日子，隔三岔五关掉手机，断掉网络，然后优哉游哉地找乐去，徒步，游泳，打球，学跳舞，做瑜伽，去寺庙吃素等等，都在可选择的范围内，这个世界不会因为你断掉一天的电而退回到史前，相反，正是因为断了一天的电，往大里说，你为国家为人民节省了能源，低碳环保。往小里说，**断了一天电，换个环境放空自己，疲劳得到了缓解，脑细胞得到了充电**，什么损失都没有，何乐而不为呢？

做一个平凡的生活家，
未尝不好

生活着，美好着。生活着，热爱着。生活着，徜徉着。

若干年前，看过刘墉先生的一个访谈，他说：我觉得我是一个平凡的生活家。这句话给我留下了非常深刻的印象，其实生活中的每一个人都是平凡的生活家，在生活中行走，感悟，体验和热爱。

还记得自己第一次下厨的情景吗？战战兢兢，油溅了手，火开大了，刀工不太好，切得太难看，不知道放多少盐，不知道放多少油，结果不是菜淡得要死就是咸得要命，偶尔还会烧煳，卖相惨不忍睹。可是没过多久，你就快速地升级了，不能与当初同日而语，当然你还是烧不出满汉全席，但至少知道了什么菜配在一起营养不会冲突，知道了多大火候营养不会流失，至少看上去活色生香，馋涎欲滴。

还记得自己第一次手工作品吗？非常稀罕地织了一件毛衣，在各种针织品多得目不暇接美不胜收的时代，难得还有心情自己织毛衣，熬了好多天，结果织出来的毛衣袖子太瘦，身量太小，而且样式也不美观，好几次都想放弃的时候，一次一次鼓励自己，结果毛衣改成了围巾，围巾改成了手套。但没关系，你依旧保持着对手工的热情，对生活的热爱，闲暇之余，学会了编中国结，学会了双面绣，一针一线，倾情专注，小笨手逐渐变灵巧了。

还记得自己第一次去广场做运动吗？每天伏案电脑前，亚健康的症状越来越明显，每天早晚被亲人逼着去小广场做运动，混在一堆跳舞做健身操的人群里，只觉得很多双眼睛都盯着自己，于是手也不会摆动了，眼睛也不知往哪里看，笨拙得像一只南极来的企鹅，羞怯得像一只北极来的大熊。可是没过多久，你爱上了运动，每天若不出去跑步做操，觉得浑身都不舒服，运动的结果是人变瘦了，身材匀称了，形体重塑了，动作也变得灵巧了，最重要的是健康状况改善了许多。

还记得自己第一次被朋友拉去参加"一日静修"的情景吗？宅在家里的你，是那么地不情愿，你说，我不信佛，干吗要跑那么远去"静修"？去了才知道，跟信仰无关，跟热爱无关，只是吃一天的素食，修一天的心，过后回到红尘，你还是原来的你。你一下子喜欢上这种方式，每隔一段时间会主动去寺庙参加"一日静修"，那些树木，那些花草鸟虫，让你远离了凡尘的喧嚣，让你的心清明安宁，为灵魂洗尘。

还记得许许多多的事情。热爱旅行，去了很多地方，走过很多的路。喜欢读书，去了很多的书摊书店，淘了很多新书和旧书。走过很多地方，留下很多的脚印，也拍了很多的漂亮美丽的照片。爱写日记，天天上网，发了很多条微博。因为爱父母，所以常回家看看，一起说话吃饭。因为爱家人，心甘情愿地做这做那，一起享受天伦。因为两情相悦，所以包容平凡，接受俗常，爱在一粥一饭中。职场行走，专注投入，褪去一身青涩。

大家都说，你变得漂亮了，站在镜子前，左顾右盼，身上的确多了沉稳，眸中真的多了自信，离优雅干练尚有差距，但是和从前的自己相比，真的是脱胎换骨，所有这些变化，都是缘于一颗热爱生活的心。

生活着，美好着。生活着，热爱着。生活着，徜徉着。

人人都是生活家，再平淡的生活，再平凡的日子，再琐碎的细节，都因为这样一颗热爱的心，在岁月之上，爆出一朵朵美丽的花来。

岁月珍重，愿你不再孤芳自赏

使劲放调料的年岁，是心有不甘；而只愿意品那一粥一饭的本来醇香，是心已满满。我想我是幸运的。这是虚妄的盛世，这是我们的盛世，不需要在炮弹声中牵起范柳原的手才知道这岁月珍重。

城市的一隅，不知道什么时候悄然冒出一家书店，常常从门前经过，发现里面疏疏朗朗的几个人，捧着书，默默地站在书架前，不像别家书店，即便是看的人多，买的人少，也是热热闹闹的。

某天，终于忍不住，抬脚进去，发现这是一家专卖诗歌方面书籍的书店，心中疑惑顿解。为诗歌疯狂颠倒的年代早已过去，谁还会巴巴地去书店里买本诗集？古诗词比现代诗的状况要好一些，毕竟那是几千年沉淀下来的精华，现代诗就很难说了，需要时间去印证，能够流传后世的，才是好诗。再看看别家书店，多半卖畅销书、教辅参考之类的图书，所以人多得如过江之鲫。

这家诗歌书店，是个戴眼镜的年轻人和朋友一起开的，我猜想他一定是为诗歌疯狂过，甚至现在仍然疯狂。在商品社会里，所有东西都被打上经济标签，这家诗歌书店就显得那么地格格不入，那么地我行我素，那么地具有风骨，因为他可以傲视最原始的衡量单位——货币。

虽然如此，我还是有些担心，这一道都市里耀眼的风景能撑多久。

喜欢，热爱，疯狂，不从俗，不人云亦云，遵从内心意愿，这就是小众。

小众是一种优雅，是一种时尚，是一种孤芳自赏，是一种自甘沉沦。

内地音乐人许巍是小众歌手的代表，他的音乐风格决定了他小众歌手的命运，早期的孤单、寂寞、惆怅、彷徨、嘶哑、灰败，即便后来增加了阳光的成分，但是那种浓郁的怀旧和远古的苍凉，像一种味道纠缠在歌声里，挥之不去。

记不清是哪一年，偶然在别人的博客里听到他的《蓝莲花》才知道，原来世间还有这么好听的音乐，像一朵花，开在山谷里，需要一点点靠近，需要用心慢慢去品味，才能体会它的好。那种有些颓废，有些暗淡的歌声，让人勾起很多往事，学生时代飞扬的青春，雨天离别的站台，黄昏转瞬即逝的彩云，夜晚仰着头数天上的星星，等等，那种诉说与我记忆里的某些东西切合到一起，找到一个支点，或者说是共鸣点，我让震撼。也是从那时开始，记住他，关注他，期待他。

物欲横流的时代，不被外界所左右，安静地做着自己，孤独地

坚守着自己的喜欢，那需要一种超凡脱俗的定力。

宽泛的大环境，让许多人开始追求自己的喜好，展露自己的个性，不再遮遮掩掩，比如看小剧场电影，听实验音乐，包括某些圈子生活，都是小众生活。

一个年轻的女子，喜欢小众旅行，并且身体力行，倡导民俗文化的保护。三十多岁了，不结婚，和几个热爱旅行的朋友，背着包，花很少的钱，吃住行都很节俭，低调，安静，默默地关注着一些需要保护的民俗文化，呼吁有关部门给予关注，而且也会在经济方面给予援助，虽然她的援助只是杯水车薪，用她的话说：我只是在尽我自己的能力。

用世俗的眼光去看，一个三十多岁不结婚的大龄剩女，整天瞎跑，以微弱的声音向社会呼吁这个，呼吁那个，不是瞎扯淡吗？

可是在我的眼里看来，觉得她很美。

在追求个性，崇尚品位，标榜另类，张扬特立独行的年代，"小众"这个词正日渐受宠。小众，顾名思义，少数的几个人，非主流，因为兴趣和爱好聚集在一起，称之为小众。在随大流的年代，小众无疑是一群孤立无援，备受冷落的边缘人，因为小众，没有大众的认同，所以显得孤单，显得寂寞，所以无法与主流抗衡，只低眉激滟，做自己，尊重内心，在角落里默默散发幽香的花或草。

小众的，自然是少数的，可是认同的人多了，追求的人多了，就变成了大众的。正像一句名言说的，世上本没有路，走的人多了便有了路。

　　小众生活，作为都市里一种新的生活方式，体现出了它的独特性和超前性，生活本来就是五彩缤纷的，一个社会，一个城市，除了主流文化和主流生活方式的构架，也有相对支流的文化和其他生活方式，这很大程度上也体现了一个城市的进步和文明程度以及包容性。

去私享人生，
别再满眼都是生活

生活不在博、大，而在细、微。生活不在贫、富，而在精、心。

　　"私享"这两个字，最近两年似乎特别热门和走红，翻开报纸杂志，很多媒体都开设了"私享"栏目和板块，供那些崇尚和热衷"私享"生活的"私享家"们分享经验和体会。走在街头，会看到"私享"菜馆，"私享"生活用品等等，挣那些推崇私享生活者的钱。打开网络，更是铺天盖地的关于"私享生活"的各种理解和释义……

　　从字面上看，"私"之一字，包含了隐秘、体己、私人化、个性化等因素，而"享"字，则是一种生活的态度和主观的意愿，注重的是心灵的愉悦和身体的舒适。

　　私享生活不等同于奢华生活，私享生活是有主观能动性和创造性的，充分地发挥和展示一个人对生活的理解程度，最大化地彰显自我，发挥个性，是一种习惯，是一种生活态势，以不同于别人的方式，打造自己的精致生活。奢华生活则是物质做主导，在物质的极大丰富和满足上展示着别人无法企及的生活，比如疯狂地收集限量的车子、手表、包包、衣服、藏品等等。私享生活和奢华生活有着天壤之别的差距，一个是用思想内涵做主打，一个是用丰厚的物质做铺垫，生活与生活之间，看似相同，其实那只是表面上相同，就其本质上和内核上而言，是有着极大的差别的。

私享时代，你是私享家吗？

朋友小 A，热衷私享美食，她喜欢自己下厨，精心烹制几样小点心和素菜，然后叫上三两个知心好友，喝喝体己茶，说说悄悄话，分享一下自己的心得和感受。

朋友小 H，热衷私享旅游，她从来不跟旅行团，而是自己一个人独来独往，去海边小镇，享受海风阳光和慵懒闲适。去不远的郊区，享受清新的空气花香和鸟鸣。

有人说，私享生活是奢华生活的升级版，我认同，但却不是完全认同，有物质做铺垫，有智慧，懂生活，有思想，固然很完美，但是私享生活却不是完全建立在奢华生活之上的，不一定是去外国旅游，坐私人游艇出海就是私享生活，生活中点点滴滴的小细节都可以是自己原版和独创的生活，体现私享生活的精髓和内核，其实就叫私享生活。

小私时代，每个人其实都可以成为私享家，为自己量身定制打造个性化版本的生活。常态生活下，每个人都在大同的背景下，追求自己的细节生活，毕竟不是所有人都可以成为英国王子威廉和王妃凯特那样的私享家，那场让全世界注目的婚礼，足以体现其强大不凡的家族声望，凯特王妃用的香水是英国首席私人香水大师格兰特·克里德为凯特王妃专门配制的蓝皇冠 1 号，一个有着 240 多年的家族制作香水历史的第 11 代继承者，把私享生活推到了极致。

平凡的生活里，总会有不一样的感受和细节，私享时光，为自己冲一杯水果茶，用自己独特的茶道方式去演绎。忙乱过后，为自己精心制作一道小点心，用自己独创的秘方去烘焙。定期去自己发现和开辟的路线旅行，哪怕只是去郊区种菜，去乡下种植农桑。不定期和好友小聚，分享一下生活中的喜怒哀乐……

生活不在博、大，而在细、微。生活不在贫、富，而在精、心。

崇尚"私享"，其实就是生活质量提升之后，一种必然的趋势和进步，换句话说，其实就是对生活品质的追求，追求有个性的生活，追求有内涵的生活。

你是私享家吗？过出自己有创意的生活，才不辜负这个宽泛的大时代。

禅心如莲，刹那花开

生活着。美好着。就是最好的。

有一位朋友独自出门旅行，第一站去游历名山。当他踩着苍苔湿露，披荆斩棘，历尽辛苦到达山顶的时候，他被眼前美丽的风光陶醉了。站在山巅，所有景物，尽收眼底。奇峰怪石，苍松翠柏，千年古树，烟雾缭绕，霞光穿透云层，丛林尽染，美得令人心旷神怡。

都说无限风光在险峰，真的不假，假若不爬到山顶，怎么会看到这么美丽的景致？他唏嘘不已，感叹不已，拿着照相机对着山下的美景横拍竖拍，似乎想要拍尽所有美景。审视一番，欣赏一番，玩味一番，不知不觉，天色向晚犹不自知。

下山后，他才发现，原本热闹的景区早已是人迹稀少，游人寥寥，原本想搭乘的那班车也早已不见了踪影。他抱着照相机急得直跺脚，长吁短叹，愁眉不展，自怨自艾。从山下回到自己临时居住的小旅馆，至少有 5 公里，步行回去至少要一个多小时，更何况从早晨到现在，他在山上已经耽搁了一整天，除了中午吃了一小块面包，只喝了两瓶矿泉水，几乎已耗尽了全部的体能，哪还有力气走回去？

他坐在路口石头上，开始生自己的气，恨不能抽自己一个耳光，贪恋美景的结果，竟然忘记了跟人家约好的时间，导致被丢弃在山里，倘或山里有猛兽什么的，自己还不成了它们的盘中美食？

胡思乱想着，黑沉沉的暮色里，一个卖山珍的老人收好摊子，回头问他："小伙子，天都黑了，怎么还不下山，在等人啊？"他气呼呼地说："没车了，怎么走啊？"老人爽朗地说："没车就走回去，生气有用吗？"他说："实在走不动了，我气自己糊涂，竟然忘记了跟人约好的时间，车早开走了。"老人乐了："就这事还值得你生气？我问你，你上山干吗来了？

他想都没想，张口就说："还能干什么？当然是旅游，看风景，愉悦心情。"老人说："这就对了，既然是旅游，怎么旅都是旅，坐车和走路有什么不同？既然旅行是为了快乐，是为了愉悦心情，你何必自己找气生，自己和自己过不去呢？"

他若有所思地点点头。

那天，他在黑沉沉的没有一星灯火的大山里，摸着黑，深一脚浅一脚得往住地赶，因为地形不熟悉，下山的途中，他还磕了两跤，因为怕照相机摔坏了，每次他都紧紧地抱在怀里。

回到住地他才发现，情况也没有自己想象的那么糟，仅仅是体力透支了，受了一点皮外伤而已，想起自己刚才的绝望，和自己较劲的样子，不由得笑了。

那次旅行回家后，他用毛笔写下"禅心如莲"四个大字，挂在书房里，我问他因何，他笑，说："我只是想时刻提醒自己不生气，更不能跟自己生气。"

想想也是，很多时候，我们往往是去寻找快乐，结果本末倒置，生了一肚子的气。不如别人时，会心生嫉妒，失去从容。发生意外时，会心生慌张，失去镇定。疼失亲人时，会失去理智，心生绝望。

很多时候，我们没有学会从另外一个角度去设想，失去从容只会令自己更加的不如别人，失去镇定，只能使事物更加走向反方向。心生绝望，于事无补，幸福才是所有人的愿望。

莲之所以为莲，是因为莲不慕牡丹之雍容华贵，不慕百合之馥郁馨香，不慕兰花之优雅美丽，不慕秀竹之修长挺拔。莲之所以为莲，是因为莲安静地做着自己，守望着自己，内省则不浮。

滚滚红尘，灼灼白日，能够安静地做着自己，而不被其他所左右，不是一件很容易的事，除了内心安静宁和，也需要通透达观的智慧。

禅心如莲。

禅，是梵语的音译，是一个人内心深处悠回九转拿不起放不下时刹那间的顿悟。是一件事情想不明白想到头疼想到脑袋大了想到不再想时忽然某一天的懂得。是深山古刹静守时光心无杂念拈花微笑的智者。

莲，则是那一朵出淤泥而不染，濯清涟而不妖的花。是晨昏里安静地走在上班下班的路上看见新鲜青菜面露喜悦的人。是雨雪天看着天气自然变化心生敬畏的人，是脚步纷繁错乱时内心里还开着花的人。是生活着，爱着，喜悦着，摒弃内心的挣扎、邪念和虚枉的人。

生活着。美好着。就是最好的。

一半明媚，一半忧伤

生活就是这样，得到的时候，必然会失去。在都市生活里奔波，很多人都是矛盾的综合体，一半是明媚，一半是忧伤。一半是海水，一半是火焰。一半是快乐，一半是无奈。

一个年轻的女子说，她喜欢用 50 度角看待这个多彩的世界，对待纷繁的人生，这注定了她一半是明媚，一半是忧伤的生活，因为她看到的，只是视角所内触及的范围之内，俯仰之间，实在有限。其实也不单单是她，很多人都喜欢用这样的视角看待问题，对待人生。

现代都市人，每日行色匆匆，步履匆忙，穿行于钢筋水泥丛林间，仿佛自己是全世界最忙的那个人。朋友见了面，一张口就大倒苦水。太忙。没有时间。恨不能一天 28 个小时，比别人多生出几个小时才好。其实有多少时间是用在工作上？有多少时间是用在学习上的？有多少时间是用在和家人朋友在一起？有多少时间是有效时间？每天泡网，看肥皂剧，浏览一些无关痛痒的新闻，参加一些无聊的应酬，任时间悄悄从指缝间流走。

人是有惯性和惰性的动物，一方面抱怨，另一方面却又乐此不疲。

房子越买越大，书房越装越豪华，其实有多少时间是在书房里埋头苦读啃噬精神食粮？

逛街的时候，看到好书，仍然孜孜以求，一本一本地买回来，以期筑就一个丰美的精神家园。闻到那些纸墨的芬芳，心中便会生出幸福感和充实感。

可是生活却总是南辕北辙，和我们背道而驰，书多了起来，才发现用来读书的时间越来越少，没完没了的工作，没完没了的应酬，没完没了的忙碌，让我们变得无法安宁下来，动辄上网浏览，浮光掠影地读一读电子书，看看八卦新闻，这些没有质感的电子读物真的能够替代纸墨芬芳。

读书的时候，路过书店，总会踟蹰良久，怎奈口袋里空空如也，对着喜欢的书奢想，如果将来有钱了，买一房子的书，而我是那些书的主人，那该是多么美好的事情？

时光流转，终于不会再为一本书的取舍而踟蹰而犹豫，只要喜欢，就可以买回家，可是那些精挑细选的精神食粮，码放在书房里，积满厚厚的灰尘，令人不忍目睹。

物质生活越来越丰厚，精神生活越来越贫瘠，每日流连于五光十色的生活中，红尘深深，深几许，怎么会静下心来捧读一本书？

也不仅仅是读书的状态如此，在很多事情上，都是顾此失彼。

去早市买菜，满眼都是水灵灵的果蔬，红的鲜艳，绿的养眼，惹人喜爱。可是，若说真的买回家，还真得三思而后行，红红的草莓已经进化到有碗口那么大，一半艳红，一半碧绿，据说是打了植物激素和膨大剂的结果。西瓜碧绿滚圆，但切开一看却是白籽，据说是催熟的结果。香蕉经久不腐，据说是用了防腐剂的结果。

这个时代，可以眼馋，但却不可以嘴馋。嘴一馋，健康就会跟着遭殃。

天天嚷嚷着减肥，却管不住自己不去应酬，管不住自己不胡吃海喝，对着活色生香的美食，经不起诱惑，于是血脂高了血糖高了，体重高了，什么都高了，智商却没高。

欲望无止境，在欲望的海洋里折腾，想要权，想要利，想要踮起脚尖仍然够不着的东西，灵魂永远追赶不上身体的脚步，灵魂尚且停留鸟语花香，诗情画意的境界里，身体却已经抵挡不住，在物欲横流的都市里迷失。打着爱情的幌子，为暧昧找借口。打着加班的名义，在办公室里拖延。为了某种利益的驱动，去竭力应酬那个自己并不是很喜欢的人，脸上笑得一朵花儿似的，心里却暗暗发狠，下辈子再也不跟他打交道了。

灵魂常常想找寻一处芳香洁净之处栖息，身体却常常身不由己地在滚滚红尘里浸润。夜深人静的时候，躺在床上胡思乱想，这辈子都管不住自己，还顾得了下一辈子？下一辈子的事，下一辈子再说吧！

生活就是这样，得到的时候，必然会失去。在都市生活里奔波，很多人都是矛盾的综合体，一半是明媚，一半是忧伤。一半是海水，一半是火焰。一半是快乐，一半是无奈。

在音乐里，遇见美好

愿你心底有专属自己的音乐，予你清凉。

清水洗尘。

看上去轻软温柔的水，却有着常人难以想象的力量，持之以恒，水滴穿石。一身尘土，一身疲惫，清水能够清洗身体上的尘垢。人生的旅途上，倦怠了，迷茫了，清水能够涤净灵魂深处的尘埃。

滚滚红尘中，爱，是一掬清水，在生命中流淌，带给人温暖和希望。音乐，是一掬清水，在心灵深处流淌，带给人宁静和禅意。

偶然与木村好夫的音乐邂逅。

那时我正失意，自怨自艾，自我否定，觉得天空很低，觉得世界一片灰暗，觉得世事不公。傍晚出来溜达时，路边的小店里传出铮铮的吉他声，像流水一样，晶莹通透，轻灵飘逸，像清酒，像樱花雨，像春天树上没有一片叶子陪衬的白玉兰，美丽哀愁，欢笑眼泪，六根瘦弦，弹拨捻扰，娴熟空灵。

我站在街头，被一种力量慑住了，像被钉子钉住一般立在街头，茫然四顾，车如流水马如龙，身边是来来往往的人流，熙熙攘攘，热闹纷繁，而我却视而不见，径直推开那家小店的门，问店主："谁的音乐？这么好听！"

店主从报纸上抬起头，愣怔了一下才回过神来，"你说他呀，木村好夫。"

从此，我记住了这个名字。

起初，满街跑，寻找木村好夫的唱片，遍寻不见，找了许久，终于在一家小店里找到一张。卖唱片的店员瘦高个，从高高的音像架上取下唱片，小心翼翼地将木制唱片盒递给我，上面积满一层薄薄的灰尘。我心中没有来由地疼了一下，这么好的音乐被束之高阁，简直是奢侈地浪费。

流行和时尚是一对孪生的小怪物，当一件事物不再流行，不再时尚，追捧和疯狂便渐去渐远。

后来，上网时，我会戴上耳麦，一边倾听木村好夫的音乐，一边浏览网页。

木村好夫擅长用吉他演绎日本民间音乐，他通过独具匠心的艺术再创作，把古典和现代完美地糅合在一起，把民族和世界融会贯通在一起。他的音乐，朴素淡雅如月光，轻柔内敛，充满想象的张力。轻快跳跃如小溪，让人情不自禁想起雨打荷叶，风扣铃声，心生共鸣。在他精湛的演绎中，我仿佛看到春天如一只母亲的手，轻轻地抚过大地，冰雪开始慢慢消融，小鸟在树丫上尽情歌唱，樱花在枝头热闹地喧哗着……

能够经得起时间淘洗与沉淀的，一定是经典的。朴素清雅的旋律，滤走了喧嚣、浮躁以及狂热，有一种纯净的力量，把心中的烦恼的阴霾驱散，把心中欲望的沟壑铲平。

尼采说：**没有音乐，生命是没有价值的。**

音乐不分国界，好的音乐能够使我们远离一些东西，比如浮躁，欲望，奢华。好的音乐是一掬滋润生命的清水，是一缕照进生活的阳光，是心底一抹清新的绿色，是灵魂的栖息地。

用清水洗尘。用音乐洗涤心灵。

千山万水之后，
抿一抹清茶里的好时光

茶起茶落，起起落落都是人生。茶浓茶淡，浓浓淡淡都是心境。

唐寅有一幅名画，叫《事茗图》，视觉上的直观感受是溪流潺潺，林木苍翠，云雾弥漫，山前茅屋数间，一人伏案苦读。边舍中，有一小童在扇火煮茶。舍外，小溪之上横卧木桥，一老者策杖来访，身后跟着一个抱琴的书童。画面清逸俊雅，画风飘逸，充满动感。再看旁边的题诗：日长何所事，茗碗自赏持，料得南窗下，清风满鬓丝。

很显然，画中的老者，是应邀而来。人生最惬意的事，莫过于三两知己好友，清风长日，窗下对饮，或弄诗作文，或操琴闻音，或争战对弈，或赏景倾心，又或者什么都不做，在茶香袅袅间，默默地想着心事，一个眼神，一个动作，便可意会和懂得。

茶是媒，是一份心情和意境的传达，很多时候，喝茶喝的是一份心境。神定气闲，心情淡然，方能觉出茶的香，茶的醇，茶的美。

有一张唱片叫《茶醉》，现代风格融入民族元素，琳琅之音，一如浓郁的乡愁，一如醉人的酽茶，让人欲罢不能。音质唯美清澈，如剪剪春风扑面，如淡淡清茶醇香，如一只温柔的手，轻轻拂掉心上的尘埃。思绪游离之际，仿佛穿越千山万水，飞入山清水秀的江南茶乡……

一个人独处的时候，泡一杯清茶，看着杯中的嫩叶，轻柔缓慢地舒展，仿佛一片小小的森林浓缩在茶杯里，生机盎然。闻着淡淡的茶香，在清澈圆润的民乐中，仿佛看到月光倾进窗棂，大地一片芬芳，郊外的苹果树上开满了粉嘟嘟的小花儿……轻轻地抿一口茶，余味绵长，先苦后甘，慢慢地回味，有一丝甜，在舌下芬芳，像初春的那一抹嫩黄，只一夜，风一吹，便满眼的绿，那种好，只可意会，不可言传。

醉了。真的醉了。茶亦能醉人。喝茶喝到醉，茶不醉人，醉心。

茶醉不同于酒醉。酒醉，能使一个清醒睿智的人变成一摊稀泥，失掉理智，失掉尊严，变得糊涂和混沌。茶醉则是一种心灵上的愉悦，精神上的回归，非清淡雅致之人不能体味其中的好。

喝茶的人很多，懂茶的人很少，茶的好，无法言说，需要像悟禅一样，慢慢去品，慢慢去悟。茶如人生，人生如茶，茶禅一味。头道茶浓酽，一如烂漫少年，年华织锦，却又青涩纯真。二道茶香醇，一如锦绣盛年，清澈透明，甘甜在心。三道茶寡淡，一如人生暮年，世事洞明，清静淡远。

人生三道茶。

茶起茶落，起起落落都是人生。茶浓茶淡，浓浓淡淡都是心境。茶中滋味，轻啜慢品，把茶问心，一杯清茶，浓缩了整个人生。

时光是一条河，
所有人事都终将成为一缕烟愁

时光是一条河，所有的人事都是时光河流上漂移的小舟，不管是金戈铁马，铮铮铁蹄，沙场争战，战火烽烟；也不管是红颜柔情，千娇百媚，暗香萦绕，不朽传奇，穿越厚重的时光，都将成为一缕烟愁。

蒹葭苍苍，白露为霜。

初秋季节，风乍起，月微寒，凉凉的月光斜进窗棂，在墙上慢慢游移，暗淡的屋子里，因为月亮仙子的光临，因而有了些生气。

半床明月半床书，抱被拥书不亦乐乎，只是书里人生，关乎的都是他人苦乐。如水一样的音乐轻轻浅浅地漫上来，喝茶闻音不亦乐乎，只是乐里人生，有如闻禅悟道。清凉的月光下，淡淡的乡愁一阵阵袭来。

秋凉的季节听《二泉映月》，只觉得寒气冰骨，更加地冷了。二胡的音色似一个人在耳畔低低细语，泉之冷，月之寒，泉月相互辉映，咿咿呀呀，呜呜咽咽，凄厉欲绝的袅袅之音，勾画出一个人内心世界清醒与剔透，也借映月解读了对人生和命运的不满与抗争。

时光是一条河，所有的人事都是时光河流上漂移的小舟，不管是金戈铁马，铮铮铁蹄，沙场争战，战火烽烟；也不管是红颜柔情，千娇百媚，暗香萦绕，不朽传奇，穿越厚重的时光，都将成为一缕烟愁。

唯有月光，千年不变的月光，映照万里河山，烟笼花影婆娑，眷顾世间人情冷暖，幽幽地散发着一缕轻柔的亮光。那一抹清凉的诗意，勾引着多少离乡之人无尽的乡愁？勾引着多少文人墨客满怀的才情？最经典的当然是那句：举头望明月，低头思故乡。羁旅之人，聚少离多，漂泊在外，想家的时候，温一壶月光当茶饮，对着月亮，千里解相思。

唐人于史良有句："掬水月在手，弄花香满衣。"语出《春山月夜》，与《二泉映月》有异曲同工之妙，不过是一个深刻写实，淋漓尽致，把人事沧桑、心中波澜，借助泉水与月光宣泄出来。静水映满月，波光潋滟，一阵微风掠过，月光碎落，在水上起舞，掬一捧水在掌心，月光其实在心里。这里讲究的是意会，并不是月光真的在掌心里，摘一朵花，衣袖盈香，几日不散。

宋代《嘉泰普灯录卷十八》有句偈语，也与月亮有关：千江有水千江月，万里无云万里天。这句话的意思是说，江不分大小，有水便有月；人不分贵贱，佛性在人心。月映百川，每一条江河里都有一个不尽相同的月亮，走到哪里，月亮便会出现在哪里。

阿炳的月光，喝下去，清冷，寒凉。于史良的月光，喝下去，小资，缠绵。佛家的月光喝下去，温暖，通透。

山河万里，头上共一盏明月，清辉普照人间。可是对于思乡的游子来说，月亮还是家乡的那一盏最明，思而不见愈想见，以至于，相思成灾。

年年岁岁月相似，岁岁年年人不同，再大的变化，想家的心却是不会变的，只会一日比一日更甚，漂泊之苦，思乡之痛，温一壶月光当茶饮，那是治愈思乡最好的药。

清玄的月光可以下酒，我的月光可以聊解乡愁。

做一个淡淡的女子，
不骄不矜

女子如茶，清淡雅致，宽容淡泊，远离浮躁，绕齿余香，自有一种纯正和清幽。

那天，去拜访一个朋友，不得见。她的家人告诉我说她去喝茶了，我心中奇怪，喝个茶也要如此铺张，跑到外面去喝？

按图索骥，去街边的茶馆找人，忽然看见一个年轻美丽的女子正在给客人表演茶道，她表情恬淡安静，十指白皙修长，动作轻柔和缓，一边全神贯注在茶水间，一边讲解，语调琳琅温柔。

只听她说："喝茶是讲究心神合一的事情，两位这样大的火气，如何能品味出茶中真味？我给各位献丑了，备一盏淡茶，给两位消消火。"

原来是两位来茶馆喝茶的人起了争执，她正在给人劝架，她劝架的方式很特别，绕开主题，而是用茶道为吵架之人宽怀解忧。

她从备水、温盅、备杯、置茶、摇壶、闻茶香、第一泡、出茶汤、倒茶汤、分杯、闻香、奉茶、清理，到结束，一路表演加讲解，是功夫茶的套路，行云流水，像诗，像流动的画面，像做瑜伽的女子，像……

我想象不出像什么，看着她眉梢眼角，安静闲适，给人一种落花流水的诗情画意。

人没有找到，我却看得呆住了，却终究没有想出像什么。

茶事在我眼里，那是闲云野鹤般的人物陶情养性的载体，世俗中人喝茶，虽不会像刘姥姥那样海饮，但也不会像妙玉那般穷讲究，茶事虽风雅，但归根结底，仍然不过是解渴的物事。

听人说那个表演茶道的女子，孩子得了一种怪病，久治不愈，她的先生因不堪这样的磨难和打击，居然独自逃遁了，丢下她和孩子在生活里苦苦挣扎。

她一个人带着孩子，一边在茶馆里讨生活，一边给孩子治病。我猜想，无人的夜里，她肯定流过眼泪，因为内心里的苦，若不化作眼泪流出，肯定会把人点燃。

这样的女子原本更应该愤世嫉俗，抱怨生活的不公，抱怨命运的无情，可是她却能心平气和地面对生活，恬淡的表情里看不出一丝一毫的怨怼，我在想，这应该得益于茶道在她生活中的作用吧！

女子如茶，有着茶一样的品格，清淡雅致，宽容淡泊，远离浮躁，绕齿余香，自有一种纯正和清幽。

女子如茶，和这样的女子做朋友，那是高山流水遇知音。和这样的女子做夫妻，那是前世修来的缘分。

我喜欢上这个茶一样的女子，我喜欢上这个在茶杯中跳舞和讨生活的女子，有事没事儿，总会驻足那家茶馆，看她表演茶道，在她行云流水般舒缓的动作里，渐渐感受到生活剥离出的真味，那就是水一样柔，茶一样香，和对美好生活的执着与热爱。

生活如水，磨难如茶。一口一口饮下去的，那是对生活的希望和热切。

不信你看杯中，那一片正在茶杯中跳舞的茶叶，便是女子在生活中恣意绽放和舒展的姿态。

那些书里的暗自欢喜

无纷乱尘事干扰，心无杂念，一几一椅一杯茶，守着清风明月，闻着缕缕墨香，穿行于字里行间。

这是一个浮躁而功利的时代，很多人甚至把读书也当成了装点门面的手段和工具，一个人吃饱穿暖之后，想在精神境界提升一个层次上一个台阶当然没有错，但是，想读书必须耐得住寂寞，读书是一个人很私人化的事情，只有耐得住寂寞，甘于寂寞，才能读好书，不怕孤独，日积月累，持之以恒，方能渐入佳境。

最喜欢宋末翁森的《四时读书乐》之冬篇：木落水尽千岩枯，迥然吾亦见真吾。坐对韦编灯动壁，高歌夜半雪压庐。地炉茶鼎烹活火，四壁图书中有我。读书之乐何处寻？数点梅花天地心。

喜欢这首诗的意境，叶落水尽雪压庐，烹茶煮茗读书乐，不为功名不为利，数点梅花皆我心。这是读书人的至上之境，读书，只为自己喜欢。

朋友买了大房子，邀我去参观，不看则已，一看不由得惊叹起来。

房子坐落在一片山坡上，背山临海，房前碧水蓝天，屋后绿树成荫。屋内设计精巧雅致，尤其是书房，足有 20 个平米的样子，墙上有名人字画，电脑桌，写字台一应俱全，靠墙边的一溜书柜很打眼，自地板一直顶到天棚，书柜里很多书，有些在书店里未必能找到的，他这里却有。

我不由得咂舌，口无遮拦地问他："这么多书！你都读了？"他的脸微微地红了，略有些难为情地摇了摇头，说："没时间。当初图这里风景好，所以不管不顾地买了这处远离市区的房子，搬来以后才发现，上下班很不方便，路上要耽搁很多时间。"

我知道，这不过是他的一个借口，对于诸多不想或不愿意或者心有余而力不足的事情，推辞没有时间，只怕是最好的托词。他每天忙着上班下班，升职，应酬，人事纷争，偶尔还得接待外地来的同学和乡下来的亲戚，已是焦头烂额，哪里还有时间静下心来读书？

读书是寂寞的事。无纷乱尘事干扰，心无杂念，一几一椅一杯茶，守着清风明月，闻着缕缕墨香，穿行于字里行间。所以唐人皇甫冉说："读书惟务静，无褐不忧贫。"一会儿担心公司里的人事纷争升职无望，一会儿担心下个月的房贷是不是还不上了，心不在书，怎么会与书生出共鸣？怎么会体会到读书的妙处？

读书是清苦的事。信息爆炸时代，手机能看电影，网络能看新闻，最不济读读图养养眼，也好过于看那些枯燥寂寞的方块字，劳心劳力却无法带来想要的任何好处，所以书房成了摆设，成了都市人装修房子，提高品位之必备。古人说："书中自有颜如玉，书中自有黄金屋。"是给清苦的读书人，心生一丝慰藉和希望？

读书是寂寞的事，读书是清苦的事，读书也是一种享受，所谓智者乐水，仁者乐山，喜欢读书的人，书就是生命，是内在的外延。是非恩怨，功名利禄，往往是过眼烟云。浮华红尘，唯有读书可以悠久地滋养生命，丰盈人生。

心静则悠远，内省则不浮，享受得了寂寞，方能与书为伴，方能自勉，方能体味读书的乐趣。

他是个盲人，却只身
完成了一场看不见的旅行

这个世界不会偏袒任何一个人，我们都在它的怀抱里，无论你是以何种的姿态，无论你是以何种的心态，每个人享受到的阳光雨露都是均等的，我们能做的，只有敞开胸怀，拥抱这世界！

旅行的意义，通常是用脚丈量每一寸土地的快感，是用眼睛抚摸每一寸山河的愉悦，是用心感受一点一滴来自视觉上的冲击。当然，这其中，视觉上的冲击最为重要，唐代诗人杜甫在《望岳》中说：会当凌绝顶，一览众山小。只有登上泰山的顶峰，俯瞰众山，才会知道众山都极为渺小。这里的"览"字当然是"看"的意思，不看怎么知道众山之小？

所谓的旅行，说白了就是看光景，"看"字首当其冲，也就是旅行的全部意义所在，是旅行中的灵魂和精髓。假若没有了视觉上的冲击，那么用脚行走，用心灵去感受，好像是都是很空洞的事情。

这是一个正常人的正常逻辑，在思维没有发生故障和短路的情况下，都会沿着这个逻辑思考下去。可是，问题是有一个叫曹晟康的人，他用自己的行动打破了这种惯常的逻辑，他双目失明，用心用双脚去旅行，阅览山川河流，看取风光秀丽。

记得是去年什么时候，在《中国新闻周刊》杂志上看到一篇文章，就是讲述盲人曹晟康在双目失明没有视力的情况下，怀揣4000块钱，历时24天，穿越东南亚4国，只身完成了一场看不见的旅行。

这个故事深深地震撼了我，看不见的旅行，简直是一件奇妙的事情，是一件匪夷所思的事情。看不见，还旅什么行？一个盲人，在自己的家中，在自己熟悉的环境中生活，尚且困难重重，更何况是去一个遥远而陌生的环境中，甚至是一个遥远而陌生的国度，除了艰难险阻，困难重重，想象不出还有什么浪漫可言，旅行的意义又何在呢？

肯定有人会说，什么都看不见，瞎折腾什么啊？闲大了吧？老老实实地在自己的家中呆着，不是比什么都强？也好让那些爱你的人少一些担心和牵挂。

是的，看不见在人生中一件多么令人遗憾的事情，七彩的世界，斑斓的人生，什么都看不到，只能用心去感受，可是感受毕竟只是感受，跟视觉捕捉到的效果是不能同日而语的。想象也许会无限的美好，可是跟现实毕竟是有差距的。然而，人生总会有这样或那样的欠缺，当我们无法改变这件事情本身的时候，是顺流而下还是逆流而上？若顺流而下，则省时省力；若逆流而上，则吃苦遭罪。

盲人曹晟康选择了另外一种生活方式，那就是逆流而上，挑战自己，不向生活妥协，一个人历尽千辛万苦，穿越异国他乡，这其中会遇到多少困难，会遇到多少磨难，可想而知。

盲人旅行，其实是用心在旅行，让心看清楚这世界，用心感受这世界，或者换一种说法，让这世界看清楚你。用心一寸一寸地感受这世界，感受山川日月，感受风雨星辰。让这世界看清楚你，看清你的坚强，看清楚你的倔强，看清楚你生生不息的生命力。

打工，赚钱，旅行。这几乎是曹成康的生活的全部。

辛辛苦苦赚得一点辛苦钱，然后全部都扔在路上，这样做值得吗？答案当然是值得的。为了自己心中的梦想能够茁壮成长，为了梦想能够开出一朵美丽的鲜花，所有的付出都是值得的。努力活着，使劲活着，活出自己的精彩，活出自己独特的滋味，所以，不管怎么折腾，一切都是值得的。

假若你看不见这世界，那么让我告诉你：没关系，那就让这世界看清楚你吧！这个世界不会偏袒任何一个人，我们都在它的怀抱里，无论你是以何种的姿态，无论你是以何种的心态，每个人享受到的阳光雨露都是均等的，我们能做的，只有敞开胸怀，拥抱这世界！

愿长大后的我们，
都能童真如初

人生就是一个圆，曾经不屑一顾的东西，到头来会变成人生最珍贵东西，你会发现，那些弥足珍贵的，让你倍感珍惜的，是童心。

很多年没过儿童节，原因是我老了。

傍晚回家，在小区里看到一群孩子在玩耍嬉闹，在小广场里滑旱冰，骑单车，你追我赶，互不相让。也有三三两两，躲在梧桐树下看蚂蚁搬家的，聚精会神，凝神拭目，仿佛那是一等一的大事儿，那时节正值樱花开放的季节，纷纷扬扬落下来的花瓣和着孩子们的笑声，飞出很远很远⋯⋯

我站在门口的合欢树下，呆呆地看了半天，这样无忧无虑的笑声，这样肆意挥洒的快乐，这样童真无邪的举动，我也曾有过，在来时的路上，在岁月的深处，依稀可见。

那时候，没有动漫可看，没有电脑游戏可玩儿，不用上这个特长班，不用上那个补习班，大人们忙着上班，没有时间管我们，剩下我们几个孩子，跟在大孩子的屁股后面疯跑，折一支葵花拿在手中，在风中招摇。

那时候我们玩得最多的游戏就是"老鹰捉小鸡"，是由孩子们扮演的老鹰和小鸡，互相追赶与躲避的一种群体游戏，类似这样的游戏还有很多，比如跳格子，打沙包，跳皮筋，捉迷藏等等，每一种游戏都让我们尽情与痴迷，心思单纯而透明，笑声能飞到天外。

那是一段阳光灿烂的日子，与烦恼无关，与快乐有染，满心满眼惦记的不是第二天吃什么穿什么学什么，而是玩儿什么，和谁一起玩儿，怎么玩儿。

时光如飞，日子过着过着，我们就长大了变老了，人木讷了，心思复杂了，那些游戏，那些快乐和笑声，早已丢失在岁月深处，一路走，一路丢，终于把内心里深深眷恋的小幸福小快乐都丢光了，变成一个赤贫的人，穷得只下烦恼与抑郁的穷人。

生活在都市里的人，每日行色匆匆，穿行在钢筋水泥的丛林中，职场的竞争越来越残酷，生活的压力越来越大，只扬不抑的物价，人事的纷争，俗事的袭扰，让每一个人都变得纠结，丢失了快乐，却捡回了烦恼。

晚风中，我看着孩子们嬉笑玩闹，突发奇想，我们虽然是成年人了，但是不是也可以像孩子一样，隔一段时间就过一个儿童节？像孩子一样游戏与玩闹，单纯与透明，没有功利之心，没有复杂之心，肆无忌惮地快乐，无所顾忌地游戏，那是释放烦恼与压力最好的途径。

那些单纯的快乐，那些透明的快乐，不是我们一生都在追寻的吗？别不屑孩子样的快乐，只有孩子样的快乐才是至真至纯至美的，人生就是一个圆，曾经不屑一顾的东西，到头来会变成人生最珍贵东西，你会发现，那些弥足珍贵的，让你倍感珍惜的，是童心，童心不老，人也不会老。

让身体连同灵魂，
在路上一次

在旅途中，你会看到不同的人有不同的习惯，你才能了解到，并不是每个人都按照你的方式在生活。这样，人的心胸才会变得更宽广；这样，我们才会以更好的心态去面对自己的生活。

都市里的女子多半时尚优雅，是云朵是鲜花，而**一棵树的成长，需要阳光雨露，需要历练和磨砺。**

朋友曾妍从来没有想过，自己的中秋节会在大西北和一群孩子一起度过。她去甘肃支教已经半年多了，每次给我发来邮件，都会说说她和男朋友之间的事情。看得出来，她的每一封邮件，都充满了淡淡的忧伤。

当初报名去大西北，她的男朋友曾经强烈地反对过，扬言如果她走了，就分手。其实曾妍也不想去，过惯了都市生活的安逸，稳定，每天开一辆奇瑞QQ上下班，游车河，车虽不怎么样，但却很悠闲自在，每天和家人一起吃晚饭，和朋友一起喝咖啡，人在安逸的环境里容易变成习惯和慵懒，她一直想改变这种生活状态，但却不知道怎么改变，也没有勇气。报社的一个同事要去大西北支教，她心血来潮，也报了名。

顶着男朋友和家人的强烈反对，她义无反顾地踏上了大西北之旅，内心里是怀着美好的愿望和一腔的热情，她的真实想法是，既可以去大西北旅行，又可以支教，岂不是两全其美的好事？怀着那么诗意的浪漫，让她一夜都没有睡着觉。

可是到了目的地，所有美丽都成了幻影，当地的生活，艰苦得几乎难以想象。平常在城市里，定期会去做花瓣浴、SPA 水疗什么的，享受生活是每个生命的责任。可是在那里，别说花瓣浴，就算是正常的洗脸、洗衣都成了问题，就连最简单的洗澡都成了最奢侈的享受，加上严重的水土不服，来了没几天，漂亮的脸蛋上，起满了小红点，生病加上语言的障碍，曾妍逃回去的心都有，好在当地的老乡很淳朴，孩子们很热情，给她们送来了当地的特产、小礼物什么的，像及时雨给了她安慰。

男朋友也及时给她打来电话，她感动的声音濡湿地问他："你不是说再也不理我了吗？你不是说要跟我分手吗？"男朋友说："我是提前给你个下马威，别以为那地方是好玩儿的，吃苦，遭罪，格格不入的生活方式，我怕你这朵温室里的花没几天就凋了，现在看到你很坚强，我也挺高兴的。"

曾妍，忍不住就哭了，我现在就想回去。

说是这样说，但是说过了，心里也就轻松了，她怎么会刚去就走？孩子们的歌声，一双双求知的眼睛，给了她前所未有的感动，这些经历跟她过去的生活，跟她的人生完全是两码事，如果不是支教，即便她知道地球上有一群人过着和她不一样的生活，但终究没有切身体会过。

中秋的那晚，她给男朋友打电话，外面的月亮正圆，月光凉凉地洒下来，想着两个人都在月亮底下，吃着月饼，喝着茶，内心里，就觉得其实离得很近，古人不都说了吗？千里共婵娟。

她在电话里给他描绘了一幅美丽的图画，说前些天去旅游了，丝绸古路传奇神秘，黄土高坡苍凉厚重，大漠孤烟意境唯美，还有长城边关，敦煌宝窟……

没等她说完，男朋友打断了她："没有发烧吧？你是去支教的，不是去旅游的，别拿这些话来安慰我了！"了解她的人果然还是他。

月光那么凉，相思那么长，月饼也挺香，而她的面前，不是月饼，而是一碗羊肉泡馍，是当地老乡送的，她端着那碗泡馍，对着月光，问他："我回去之后，你娶我吧？"

他说："等你回来。"她狂喜地在电话里吻了他，斯时斯刻，她想他是真的，想嫁他也是真的，但那是在大西北，孤身一人在外，心境有时会随着环境改变。

朋友曾妍跟我说，不知道回到城市里会不会还有当初的心境，但是那一晚，对着月光，她对他的想念，只怕今生难忘。

再见到曾妍，我有些不敢认识她，她的两颊，被坚硬的风和阳光，镀上了一团红，皮肤黑了，但却更健康了，眼睛明亮了，那里面却多了内容，这个时尚、现代的都市女性，由一株花朵蜕变成一棵树，妩媚中多了成熟和坚毅。

第五章

再努力一点点，就可以过上想过的生活

曾经无数次设想，

我生活的地方

应该是远离尘嚣的地方：

房子不一定很大，

能够遮风避雨就好，

屋内的摆设不一定要多豪华，

食有粥，饮有茶，

房前有花，屋后有树，就好。

你该保有内心世界的安宁，
无论世界如何嘈杂

真正的聪明是静下心来，听见自己本初的愿望。你应该保有内心世界的安宁。那么无论外界如何嘈杂，你都有一个清静的地方。

不得不承认，这是一个网络时代，越来越多的人生活在网络世界里，如鱼得水，体验着方便、快捷、信息量的超大超速。你所能想象的，几乎所有的事情都可以在网络宽带这条信息高速路上实现。

商务办公，传送文件，即时信息，写信发邮件，读电子图书，看电子报纸，听音乐看电影，娱乐休闲玩游戏，就连年轻人谈恋爱，祭奠逝去的亲人等等，这些人生中很严肃的大事，也可以在虚拟空间里进行，邻居家的小两口，就连吃什么晚餐，也要在QQ上敲定。

看似很离谱，其实一点都不，人们对网络越来越迷恋，越来越依赖，几乎到了无网不欢的地步。出差旅行外出，不方便上网的时候，会随身携带笔记本电脑，随时随地跟朋友联系，随时随地查询想要知道的信息，即使远离人群，即使远离繁华的城区，也不会觉得孤单。

朋友小战就是个电脑狂人，疯狂迷恋电脑，每天一上班就打开电脑，然后埋首在电脑前，一边工作，一边和朋友会话，捎带浏览新闻。八个小时的上班时间，中间会插播喝水，去 WC，吃中午饭，非常有限的几样现实版的肢体活动。八个小时以外的业余时间，他几乎在网络里安营扎寨，优哉游哉。最近和女朋友吵翻了，他居然在电脑里用即时通讯工具跟女友道歉，可怜他道歉 N 次，女友也没有理会他。骚扰的次数多了，女友终于回了一条信息：你跟电脑谈恋爱吧！真人版都见不到，还想让我原谅你，做梦去吧！

小战的情况不能代表所有的人群，但代表了绝大多数生活在都市里的年轻人，他们的生存状态和精神面貌，以及生活结构和时间分配。

我想起一句很经典的调侃：在广告中插播电视剧。越优秀的电视剧，广告插播得越多，多好的剧情都会被折腾得支离破碎，最后不得不忍疼割爱。商业时代，人们典型的心态不是见缝插针，而是无缝也生利，受利益驱动，已经不按常规出牌了。

我们有幸生活在信息时代，每天这个世界上任何一个角落里发生了一件事情，我们都会在第一时间得知。仿佛有一只巨大的手，把我们推进了一股强大的洪流之中，身不由己，在网络中遨游，在宽带的光缆上奔跑。

　　若干年前，我们是工作生活之余，上网休闲。现在是上网工作休闲之余插播生活，主次关系颠倒以及本末倒置，让我们失掉了很多东西，比如人与人的正常交往，比如阳光和新鲜的空气，比如纸质图书拿在手里的那质感和纸墨芬芳，比如健康状况的透支，抑郁症、孤独症都会相继随之而来。

　　有一种表情叫"电脑脸"，是长期对着电脑产生的后遗症，由于工作和休息时都长时间对着电脑，面部肌肉有些僵硬与呆板，是一种暂时的表情障碍。

　　想要远离"电脑脸"，就必须投入到真正的生活中去，在看得见摸得着的生活中摸爬滚打，切切实实地体会和感受生活。据说从今年开始，已经禁止在电视剧中插播广告，而上网，暂时可能还不会被禁止，所以我们所能做的，就是不要在网络中插播生活，而是以生活为主导，在生活这个载体中，工作、旅行、锻炼、与家人享受天伦之乐，到大自然中嗅一嗅花香，听一听鸟鸣，这才是正常的生活，正常的人生，才是人之本性。

抵达理想的必经之路

　　曾经设想过无数次，我生活的地方应该是远离尘嚣的地方，房子不一定很大，能够遮风避雨就行，屋内的摆设不一定要多豪华，食有粥，饮有茶就可以。房前一定要有花，屋后一定要有树，闲时种花怡情，心里烦时去屋后的树林中散步。

　　曾经设想过无数次，我生活的地方应该是远离尘嚣的地方，房子不一定很大，能够遮风避雨就行，屋内的摆设不一定要多豪华，食有粥，饮有茶就可以。房前一定要有花，屋后一定要有树，闲时种花怡情，心里烦时去屋后的树林中散步。露天的凉台上一定要有植物，看书听音乐，或者什么都不做，独自发呆时，有鸟儿不打招呼，任意闯入我的地盘，当一回不速之客。鸟语花香，诗意栖居，是理想中的生活状态。

　　现实生活是，我生活在都市里，每日在钢筋水泥的丛林里穿行，居住在一个中档小区里，高楼林立的空间里，仰着头一层层望上去，有一个狭小逼仄的空间属于我。房前无花，房后没树，毗邻小区有一个连锁的大型超市，平常人来人往，热闹纷繁。逢上过年过节，超市搞促销打折，鸡蛋便宜两毛钱，招引得附近那些老头老太太闲散人员排队能排出几百米。小区门口有一家幼儿园，两家培训中心，数家饭店，还有摆摊卖水果的小商小贩。每次回家，车子开到小区门口便无路可去，眼睁睁地看着接孩子的车辆把小区门口堵得死死的，每次回家竟然有冒着枪林弹雨，攻战山头的感觉，偏偏这家每天都要回。

曾经设想过无数次，我理想的工作应该是一个园艺师，薪水不一定很多，够花就行。在我的想象里，园艺师应该是一份充满浪漫的工作，每天与花草树木打交道，那些挺拔俊朗排列整齐的树，就是我的士兵，那些柔软乖巧的小草就是我的天使，那些争奇斗艳的花儿就是我的爱人。花的海洋，绿和世界，与自然和谐处，朝夕相亲，不必介入不必要的人事纷争，远离职场的尔虞我诈。一盆小小的盆栽不仅仅可以改变一个居室的格调，还可以改变一个人的心情，何乐而不为呢？

现实生活是，我每天守着电脑，忍受着超强的辐射，在电脑上打一些有用或没用的字，那些黑色的方块字，不会跳舞，不会抒情，死板，木讷，毫无生机可言，可是偏偏却又不能舍弃。与朋友们聊天是在电脑上，工作上的事常常也是在虚拟中交流，长年累月独处一室，离群索居，近乎失语。不知道早市上的肉是不是涨价了，不知道哪家超市里的东西便宜又好，去购物中心买衣服不知道是不是又挨宰了，如此种种，非我所愿，可是又不能选择，进退皆不是。俗语说，一个萝卜一个坑，一个人一个位置，习惯和俗成的东西，想要去打破，还真需要点勇气。

曾经设想过无数次，理想中的爱人一定要成熟稳重，人前人后能拿得出手，做事得体大方，别像小孩子一样没正经。外形一定要高大俊朗，在朋友面前不坍台，不太跌份。一定要事业有成，早起步，就少了打拼之苦，更何况事业有成的男人会让女人以一种仰视的姿势去欣赏。另外就是要爱我疼我，包容我和我的家人，这是婚姻的前提和基础。相识纪念日能记着送我礼物，结婚纪念日能一起烛光晚餐，晚饭后一起散步，睡觉前拥吻，永远知道我在想什么，永远记着我说过的话。

现实生活中，他却是一个散漫随意的人，永远不按规则出牌，既不高大也不俊朗，每天匆匆忙忙，庸庸碌碌，也不见得事业有成。浪漫更是跟他不沾边，什么礼物烛光晚餐拥吻，我从来就没有收到过，他的经典名言是：浪漫不能当饭吃。稍稍跟他抱怨一下，他就跟我打太极。我不帅气，但我很洒脱，从来不跟你斤斤计较。我学历不高，但是很博学，至少你从来没有把我考倒吧！我没有钱，但是我有爱心，晚上怕你冷，所以会起来给你盖被子。怕你遇人不淑，所以老提醒你。遇到我，你就偷着乐吧！这样自卖自夸的人，却并没有让我晕倒，细想想，种种劣迹还算属实。最让人无奈的是，我也不是什么仙女，所以两个平凡的人在一起，努力把日子过得有滋味。

是谁说过，**理想和现实之间的距离，是到达理想的必经之路**，所以在不满意现实生活的时候，别轻易丢弃自己的信念，那些不尽如人意的事情，就是生活。

好好活，使劲活，让理想照进生活。

从萎谢到盛开有多远

我倘使不得不离开你，亦不致寻短见，亦不能再爱别人，我只是萎谢了。

独处的时候，常常想起张爱玲曾经说过的话：我倘使不得不离开你，亦不致寻短见，亦不能再爱别人，我只是萎谢了。

这样的话听起来令人心碎，爱一个人爱到没有退路，才会如此地委屈自己去迁就，只是千不该万不该，这样的爱，错给了那样一个并不懂得珍惜的人。

曾经，我亦如此地爱过一个人，千辛万苦，即便后来在一起了，仍然觉得中间有一段无法逾越的距离。

很多个夜晚，我守着他，离得很近，但却有一种抓不住的心疼和凄惶，他睡得香恬安适，睫毛抖动，脸上有微微的笑意，我知道他又在做梦了，也许梦到了哪个心仪的女人？没有一秒钟的时间，他果真湿湿地叫出一个名字，我的猜测被他瞬间给证实了，我的世界顷刻坍塌。

曾经数次想过，一个人，不动声色地，静静地，慢慢地，萎谢，是一种怎样的过程？别人看起来依旧有说有笑，而内心里却渐渐破碎，幻灭，渐渐哀疼成伤，不能言说，不能回望，只怕一回望，会坍塌了心中所有的坚硬，会加速萎谢的过程。

一个人情感凋谢的过程，心死成灰，大约就是这样的吧！还有什么比心死，比灰飞烟灭，更令人心悸？那种冷，是慢慢地，一点点侵肌入骨。

离开他，迫在眉睫，我不能忍受日夜相对，心却游离在彼此之外，那是一种折磨，从肉体到心灵。这个过程，像一根弦，渐渐被抻长，然后断裂。

坐在电车上，阳光慢慢地移动，透过车窗洒进来，明亮地照在脸上，却照不进心里，看窗外风卷起的叶子，看行人匆匆的脚步，心中是艳羡的，那是一些有故事的人吧！

一对小情人，倚着电车的栏杆，低着头，抵着足，窃窃地说一些事情，男孩不知说了句什么，神情专注地看着她笑，女孩绯红了脸，用脚尖踩他的鞋子。我看得痴了，像极了从前的我们，而我们的情事却是早已灰飞烟灭，再无踪迹，只剩下记忆。我是多么不甘心从那一场沦陷的情感中逃遁，可是即便再不甘心又能怎样，共赴一场缠绵成了记忆中的缺失。

其实分手之初，什么都感觉不到，恍恍的，迷茫的，倦怠的，很累，像一个找不到家的孩子，看不清路途，像一艘找不到港口泊下来的小船，颠簸流浪。

那时节，即便我面前摆放着盛开的花，抽芽的树，抑或美味大餐，于我，其实什么都不是，我看不到。我看到的是萎谢，如花谢的过程，如生命的过程。有一种剥离的疼，有一种生生的分离，那些看不到，摸不到，那些无形的，只有时间能够印证的，令我怆然惶恐。

从温热到苍凉，从远古到此时此刻，遥远吗？

一直忙着，至少看上去是忙着，无暇静心体味生命流逝的过程，无暇抚摸和理顺那些错乱的纷扬的不羁的思绪，浮躁像一朵轻飞的絮，绕得我透不过气来。什么都想抓到手里，比如时间，比如钱财，比如爱人，其实什么都抓不牢。

一个人去通宵营业的酒吧守着寂寞空寂喝得大醉，一个人自虐般地疯狂地工作，试图把那一段感情，那一个人彻底地埋葬。

直到有一个早晨，匆匆从床上爬起来，看看时间，上班快迟到了，胡乱地洗了一把脸，拿了一盒牛奶在手里，边赶路边喝，路过公园的门口，看见一个穿着红色运动服的老人家在打太极拳，我停下脚步，隔着栅栏看着她，有70岁左右的样子，真不明白，快萎谢的人了，还能抓住什么？

她看见我傻傻的样子，露出一脸灿烂的笑容，中气很足地问我，姑娘，你看这树上的花儿开得多好啊！我愕然，70岁的人，竟然还对花儿这么有兴趣。

我顺着她的方向抬头往上看，一树的红花开得正灿烂。我的心中豁然开朗，原来萎谢也好，盛开也罢，不过是一种姿态，不过是一念之间。尽管萎谢是一个必然的过程，但是如果以盛开的姿势，会离快乐很近。

一边走，一边回头，慢慢体味着老人家的话，她叫我姑娘，这个久违了的称呼，令我觉得开心、快乐、幸福，令我觉得萎谢是那么遥远的事儿。

回到现实中来吧，
看看那山那水那人

别再把目光浪费了，看看身边你爱的人，看看身边你爱的风景，看看身边你爱的好时光。

网上有一则《网络痴呆症前兆》的小文十分火，被转帖得到处都是，一时好奇心起，于是逐条对照，自查了一下，发现居然有一半以上的症状都与之相吻合，于是不禁汗颜起来，十分疑惑地问自己：这就痴呆了吗？

常常也会半夜两三点钟起来如厕或者喝水的时候，顺便上网收 Email，常常是做过这种莫名其妙的事情之后，自己也会忍不住好笑起来，大半夜的，谁会不睡觉上网给你发 Email 呢？闲大发了吗？

在网上浏览的时候，总会习惯性地点开有下划线的链接，久而久之，养成一个习惯，就是看到带下划线的词语就用鼠标去点，哪怕是在 Word 文档里看到这样的词语，只要有下划下，就会莫名其妙地兴奋。

打英文的时候，常常也会在句子的尾端缀上 .com，很显然是在浏览器里输习惯了，看见英文字母就想缀上 .com，很典型的带有强迫症的症状，强迫自己去做一些自己也知道不对的事情，已经不仅仅是习惯那么简单的事情了。

现实生活中，越来越离不开电脑，办公，发邮件，联络朋友，看新闻，娱乐，游戏，淘宝，购物，甚至是吵架等等，与电脑相处的时间越来越多，以至于很多人把虚拟和现实搞得混淆了。

我也是如此，每天若无特殊情况，差不多有十来个小时在网上晃，哪怕什么都不做，也会把电脑开着，呈待机状态，只要电脑开着，心就安了。不上网时，昏昏欲睡，干什么都打不起精神头，一打开电脑，就像被输入了新鲜的血液，精神头十足。

不仅仅我是如此，看看身边的朋友们，大多也是如此。母亲住院期间，同病房里有一个老太太，她是被女儿女婿气病的，小两口每天下班回家，一个奔上电脑，一个打开笔记本，谁都不过问她洗衣做饭带孩子的辛苦，她又累又气，犯了眩晕症住进了医院。

痴呆症，百度百科上的解释是：由病程缓慢的进行性大脑疾病所致的综合征。特征是多种高级皮层功能紊乱，涉及记忆、思维、定向、理解、计算、判断、言语和学习能力等多方面。意识清晰，情感自控能力差、社交或动机的衰退。

在习惯思维上，觉得一个人进入老年之后大脑退化，患上老年痴呆症的概率比较大，可是网络痴呆症不管你年龄大小，不打招呼就自己来了，想一想都觉得这是一个令人恐惧的病症。

这是一个无网不欢的时代，网络带给人们的方便快捷，自是不必言说，但若因此患上网络痴呆症或强迫症，实在是得不偿失。

你是网络痴呆症患者吗？若是拿不准自己的情况，那赶快去对照一下《网络痴呆症前兆》，看看自己有几条吻合，是不是到了采取措施的地步。

现代文明是人类进步的体现，若是一不小心被现代文明吞噬掉了，那就相对进入了一个怪圈，假若你真的患了网络痴呆症，那赶紧回到现实生活中，融入生活才是治疗痴呆症的一帖良药。

小欲望可以有，
但是千万别长成大象

小欲望人人有，但是千万别纵容小欲望长成了大象，欲望无限膨胀的时候，人心就撂了荒，长了草，变得很疯狂，离枯萎和死亡或许只剩下了一步之遥。

同学聚会，选在这个城市最大一家海鲜舫，而且是这家海鲜舫里最大的一个包间，最要命的是这个包间是小眼睛的刘同学的长年包房，像私家客厅一样，待客，宴请，接待朋友。

据说价格不菲，恐怕很多人一年的工资也挣不到租这个包间的钱，当然，其豪华程度也是成正比的。所有的同学，都唏嘘不已，真是今非昔比啊！

大家三三两两地聚在一起，感叹同学中最有出息的就是大刘同学，当年，一起上大学时，他羞怯，懦弱，甚至有些自卑，常常低着头，绞着衣角，未说话脸就开始红了，手足无措的样子有些像女生。

他心中有一个小小的愿望，是公开的小秘密，那就是，等将来毕业后仍然能留在这个城市里，然后买有一间小小的房子，把生活在乡下的母亲接来，一来可以让吃苦受累的母亲享几天福，二来可以把她的多年的眼疾治愈。

这个小小的愿望成了他人生的动力，为了心中的这个目标，他摸爬滚打，吃苦受累，忍受着常人难以忍受的贫困，歧视，羞辱，然后峰回路转，他成功了，有了很高的职位，有了较高的社会知名度和话语权，在这个城市里大小也算一个名人，有了自己的房子车子，然后他就失掉了人生的方向。

他心中的小愿望在当年他穷困潦倒的时候，是一个温暖的人生目标，也是一个人最平常的理想，衣食住行，食色性也，都是人之生存所必需，没有脱离大的人生格局。当这个小愿望小目标经过多年的努力实现之后，他的人生也随之上了两个台阶，站在不同的高度，他心中的小愿望也开始膨胀，把小愿望蓄养成欲望，把小欲望蓄养成大象。

时光有如一只神奇之手，抚过之后，每个人都变得不一样了，在这帮同学中，大刘同学的变化最大，当年瘦弱伶仃的他现在气壮如牛，当年谨小慎微的他现在豪情万丈，当年贫困羞涩的他如今一掷千金。

同学们都散了之后，他独独留下了当年的室友小方，他拍着他的肩膀说："当年只有你对我最好，别人都嘲笑我土得掉渣，嘲笑我缩手缩脚，只有你对我最好，常常用饭票接济我，生活用品都是你给我的，我记得第一次用洗发水洗头都是你给我的！因为你的好，我想请你喝一杯。"

小方笑了："我的好都是举手之劳，不足道，你也不用挂在心上，酒就免了，这么些年过去了，我依旧滴酒不沾。"

大刘也笑了："你的人情我还不不上了，你知道我请你喝的是什么酒？正宗的青藏高原上生长的冬虫夏草配正宗的贵州茅台，一小杯少说也值个几千块，你却不领情。"

小方摇头："我没口福，没口福啊！不过还是谢谢你！"

同学聚会之后没过多长时间，小方在报上看到一则消息：大刘因挪用和侵占巨额公款被判处无期徒刑。

小欲望人人有，但是千万别纵容小欲望长成了大象，欲望无限膨胀的时候，人心就撂了荒，长了草，变得很疯狂，离枯萎和死亡或许只剩下了一步之遥。

爱你原本真实的模样，
无论好看与否

一个人，不能因这些动荡的变数而改变，不管一个什么样的自己，丑陋的也好，美丽的也罢，都能真实平静地面对，那么你的人生就成功了一半，由丰盈渐渐走向成熟。

一个女孩，学历中等，家境一般，原本对人生没有太高的热切和奢望，上班下班，逛街聚会，生活平淡如水，闲时喜欢上上网泡泡论坛。

偶然的机会，她闯入了一个交友网站，上面有很多会员都贴出了自己的生活照，她一冲动，把自己的照片也贴了出来，结果招致了一大堆的口水和板砖，有的批评她发型老土，有的批评她妆容太浓，还有人批评她衣服样式过季，甚至还有人根本什么理由都没有，上来就骂她，这么丑的照片也敢往外贴，出来吓人就是你不对了。

她没有想到，一张照片会引起如此的反响，沮丧，懊恼，心中烦乱不堪，再看看别人的照片，果然是美轮美奂，从衣服到发型再到光影效果，一点瑕疵都没有，恍如完美人生。她的心情更加抑郁寡欢，什么都打不起精神来，自己的生活本来与别人就没有什么可比性，偏偏自己喜欢凑热闹，结果弄成现在这样难堪的境地。

　　和朋友闲聊，说起照片的事，朋友大笑不止，骂她，傻丫头，你以为那些照片是他们的真实生活写照？那些都是经过 PS 的图片，所以才会那么完美，现实生活中，也许他们的生活还赶不上你我呢！滚滚红尘中，大多数人都是你我这样平凡庸常的人，有几个仙女？

　　她如梦初醒，原来图片还可以通过 PS 修改，无怪乎那些照片看上去那么美轮美奂，原来早已不是原汁原味的生活截图。从此她迷恋上 Photoshop 教程，刻苦钻研，并且很快掌握了一些技巧，后来，再贴到论坛上的照片，大多都是鲜花和掌声。

　　经此一役，她变得乖巧了，似懂非懂地明白了一些道理，那就是，没有经过先期处理的东西，一定不能急于呈现在别人眼前，否则，一定会让自己措手不及。她迷恋上了 PS，小到图片，大到人生，再也不会那么死心眼傻兮兮地把原汁原味的东西原封不动地端上来。

　　别人给她介绍了一个男朋友，她有些喜欢那个男孩，无论是人品、工作，还是长相，都很优秀，都在她之上，她有些忐忑，拿不准男孩会不会喜欢她，夜里辗转，想到自己那么平凡，那么不起眼，那么优秀的男孩子怎么会喜欢自己？她不由得轻轻地叹息。

　　不想舍弃，结果她选择了另外一条加速灭亡的道路，刻意地 PS 自己的人生履历，比如毕业的学校，刻意拔高。比如出生的家庭，毫不迟疑地粉饰一番，为了配合自己的身份，她甚至还借钱买了车和不菲的衣饰。

　　然而，被 PS 过的人生，早已是漏洞百出，只一个回合，男孩子就看出了破绽，他有些惋惜地说："本来我是很喜欢你这种类型的女孩子，因为你像张爱玲笔下的那些女性，安静，内敛，虽然不是很漂亮，但五官细致，像空谷里的一株不起眼的花。可是你又太过虚荣，搬起石头砸了自己的脚，一个人，连自我都无法面对，又怎能面对别人？面对生活？"

男孩转身走了，头都没回，她垂下头，埋得很深很深，不知道是懊悔，还是反省。

都说吃一堑长一智，谁知道她并没有从中吸取教训，相反，却认为是自己做得不够好，PS技术不过关，才会导致如此效果。后来跳槽的时候，她把简历制作得相当精美，这着这份简历去应聘新工作，只有一份相应的工作，才能证实自身存在的价值，她为自己的想法付诸实际行动。

被PS过的简历，简直就是撒手锏，几乎没有费什么力气和周折，就找到了一份不错的工作，可是好的工作也需要相应的能力去匹配，没有能力，什么都是白扯，谁是听你忽悠长大的？几个回合下来，她落下马来。

当所有谎言，一层层剥落之后，裸露出来的，是丑陋的真实。

从PS图片开始，到后来的PS人生，她弄丢了平凡的生活和工作，弄丢了喜欢的人。一个人，如果不能面对自己，何谈面对人生？面对社会？**纷繁的人生，充满了欲望和诱惑，充满了不安和变数。一个人，不能因这些动荡的变数而改变**，不管一个什么样的自己，丑陋的也好，美丽的也罢，都能真实平静地面对，那么你的人生就成功了一半，由丰盈渐渐走向成熟。

别在一条错误的路上跑到黑

长长的一生中，每一个人都可能犯错，犯了错改了就好，没什么可怕的。人最怕的就是在一条错误的路上跑到黑。

生活在这个世界上，每一个人都有做错事的时候，只是做错事时能够及早回头，就没有什么可怕的，可怕的是，在一条错误的路上一直跑到黑。

21岁那年，他背上行囊，告别父母，离开家乡，去城里打工，从乡村到城里，他的人生从此走上了一条不能回头的路。

双十年华，是人生中最美好的时光，织锦岁月，再苦的日子也像草叶尖上的露珠，闪着晶莹的光泽。他亦若是，带着对理想的憧憬，对未来的期待，开始了一种全新的生活。

白天他在建筑工地上打工，长时间的辛苦劳作，到了夜晚累得只剩下想睡觉的念头，日复一日，赚到的钱，除了能解决温饱，离回乡盖楼房，积累原始资本，回乡创业这些理想都遥不可及。

他终于沉不住气了，开始到处寻找赚钱的机会，他需要快速改变自身的窘境。一个老乡似乎看出了他的心思，对他说："你不就是想赚钱吗？多简单的事儿，一个大老板在集资，我们只要把身上的钱投进去入股，将来利润就会翻倍，投入得越多，将来的回报也就越大。"

他动了心思，轻信了那位老乡的话，不但把自己身上的钱投了进去，而且打电话给母亲，把家中的那点积蓄全部都投入了进去，因嫌钱少，最后还借了外债。他以为这一次肯定能赚个钵满盆满，谁知那位所谓的老板因涉嫌非法集资被抓了进去，那些钱也被挥霍一空。他发财的梦想，就像一只鸡蛋，刚刚有了一点温度，还没有孵出小鸡，就鸡飞蛋打，他欲哭无泪。

生活变得更加捉襟见肘，重体力的劳动，高强度的精神负担，让他几近崩溃。追债的人三天两头给他打电话，他终于无法自控，跟着朋友去了郊区的一个地下赌场。刚开始，他还埋怨朋友不该带他去那样一个乌七八糟的地方，可是后来，人一旦进入那种环境，仿佛能感到一股强大的引力，会不由自主地被吸附进去。他觉得心跳气短，眼睛不够用，手不知道往哪儿放，在朋友那儿借了点本钱，不大一会儿工夫，就翻了数倍。

那天，他像一个上满了发条的玩具，兴奋异常，觉得赚钱原来也是一件很容易的事。他不再去工地上干活了，满脑子里都在盘算，若是照这样下去，用不了多少日子，不但会把外债还上，而且会在乡下盖一座楼房，然后娶个漂亮的新娘，甜甜美美地过日子，若还有积蓄，还可以创业。

谁知他的好运气没几天就开始暴跌，就像股市一样，通盘变绿，不但他赢回来的那些钱输了进去，而且又借了新的外债。然，此刻的他，是一个输红了眼的赌徒，不但想翻本，还想赢钱，想要收手，已不大可能，结果越陷越深。

被人追债的日子滋味很难受，他尝试了像老鼠一样躲起来，可是那些人总是有办法找到他，声言若再不还钱，就剁掉他的一只手。他害怕了，没有手，这辈子也许真的就完了。

满大街转悠的时候，在医院附近，他遇上了一个倒卖身体器官的人，经过多次联系磋商，他被领到一家地下医院，切掉了一只肾，卖了几万块钱，还上了所有的债务。

由于地下医院设备简陋，手术后他得了并发症，度日如年的日子里，他悔恨交加。

每个人的心中，都有一个掘金的梦想，梦想着一夜之间，寻到宝藏。流光溢彩的都市生活，充满了欲望与诱惑，很多年轻人梦想着在大都市里寻找到一线机会，机会当然有，但并不像想象的那样遍地都是，机会只是为勤劳和智慧的人准备的。

长长的一生中，每一个人都可能犯错，犯了错改了就好，没什么可怕的。人最怕的就是在一条错误的路上跑到黑。年轻人抱着投机致富的心态已经是不应该了，后又动了赌博还钱的心思，更是错上加错，最后为了还赌债居然卖掉了一只肾。且不说身体发肤受之父母，单只说，一个正常的人少了一样身体器官，还算是一个健康的人吗？健康都谈不上了，这一辈子还能做点什么？

在一条错误的路上跑到黑，其结局可想而知。

给身体一个生病的机会

身体是自己的，你不能使之永远像个陀螺似的旋转。

你要宠它，爱它，呵护它，甚至偶尔纵容它的小情绪，这样它才会体贴你。

前两天去酒店拜望一位日本朋友，不巧的是朋友正在生病，流行性感冒，问其原因，他说可能是水土不服。我笑，心里明白，不是什么水土不服，而是穿得太少，试想北方的冬天，滴水成冰，我们都会把自己穿成企鹅一样臃肿，毛衣毛裤羽绒服。而这位老兄竟然只穿着一身单衣，不冻成冰块才怪。他说他在日本，冬天也是这样穿的，从来不感冒。我跟他开玩笑，这是在中国，要入乡随俗啊，疾病也欺生，还是多穿点衣服吧！他不置可否。

我建议他赶快去看医生，他摇了摇头，他拒绝看医生，拒绝打针吃药，令我更为惊奇的是他的理论，他说，感冒忍一忍就会好的，吃药打针是摧残性，甚至是毁灭性治疗，不到万不得已，是不会采取这样的措施的。

我大跌眼镜，第一次听到这样的奇谈怪论，国人的理论是，不管大病小病，有病要趁早治疗，以防千里长堤毁于蚁穴。传统观念里，疾病总是被我们放在对立面，一旦生病，小到伤风咳嗽，

n慣了，从来也没有觉得这样做有什么不对。

,"有氧运动"的倡导者，美国人库柏，早在1960年就对我们习以为常的吃药治病提出了质疑，他说：大多数的生病现象是人正常的身体调节，如果人不生病的话，人就没有自我调节、吐故纳新的功能。既然生病是人的一种自我调节，那就不能在生病的时候大治特治，去治的时候，杀死病菌的同时，也在损害自己的身体。由此他提出了医学史上一个革命性的理论，叫做"善待疾病"。

看来传统的观念也未必都对，联想起小表妹，每次感冒都去输液，结果感冒是好了，身体素质却每况愈下，变成一副弱不禁风的样子，每次一有个流行性感冒，一有个风吹草动，她总会第一个患上，而且久治不愈，令人头痛不已，身体会对药物产生依赖和抗体，过度用药并不是好事。

给身体一个生病的机会，这种说法听起来多少有些荒谬，但细想起来是有一定的道理的，**给身体一个生病的机会，其实就是给身体一个喘息的机会**，偶尔感冒其实没有那么可怕，更不用像如临大敌。给身体一个自我调节、吐故纳新的机会，多做有氧运动、散步、慢跑、骑自行车等等，贵在坚持和恒常。当然也并不是说生病了不可以打针吃药，只是要适度，能不吃尽量不吃，多吃药并不会促进疾病的治愈速度，相反，《红楼梦》第八十三回中，林黛玉服用了王太医的虎狼之剂，反要了卿卿性命，可见，下狠药并非好事，欲速则不达。

生活在现代都市中的人，每天都被疲劳和焦虑追赶着脚步，善待自己，善待生命、善待疾病，理顺好内心的混乱和无序，身体幸福了，精神才能达到愉悦的境界。

给人生一个吐故纳新的机会，给身体一个吐故纳新的机会，一切才能在良性的转道上运转。

这世上有
很多东西，比钱重要

终有一天，你会发现，这个世界上还有一些比钱更重要的东西，用钱买不到的东西，那些用钱买不到的东西，才是你一生最值得珍惜和拥有的。

儿子上小学一年时，刚好六岁，一向顽皮淘气的儿子忽然对玩具、动画片、卡通画册不再像以前那么感兴趣，而是对钱表现出浓厚的兴趣，春节期间，爷爷奶奶，姥姥姥爷等长辈和亲属给了压岁钱，他转弯抹角，试探性地对我说，同学谁谁谁，积攒了多少钱，这学期的学费都是自己交的，很委婉地表达出他的意愿，对于压岁钱提出了全新的管理方案——要求自己亲自保管。我高兴地在儿子的额头上亲吻了一下，说儿子长大了，知道理财了。

我认为孩子也应该适当地介入家庭生活和社会生活的每一个环节，孩子也不应该是生活在真空里的公主和王子，适当地知道生活的艰辛和不易，对孩子的成长心灵都是有好处的，所以我表现出了积极支持的态度，兴冲冲跑去超市，给儿子买了卡通猪的储蓄罐。

从那以后，儿子对钱开始"另眼相看"，去超市买东西，去市场买菜，找回来的零头，他会统统没收，收进他的储蓄罐。从上小学一年级开始，每月给他10块钱的零花钱，他一分不花，全部放进储蓄罐，到后来，每月10块钱的零花钱他嫌少，没完没了地在我耳边絮叨，说他们同学谁谁谁，每月有50块钱的零花钱，申请我也给他增加额度，我不同意，说，你的吃穿用戴，生活中所有的一切费用都是我替你打理，之所以给你零花钱，是备不时之需和对钱的初步认识。他不同意，跑到一边生闷气，没办法，最后只能折中，给他的零花钱加到20，他才高高兴兴地做作业去了。

儿子表现出了前所未有的对钱的热爱，去超市买水果，回来他帮我提了一袋水果到五楼，竟然跟我讨价还价，每上一层楼要5角钱，5层楼要2.5块钱。假期放假在家里，我觉得孩子也该适当地参入家庭生活，能增加孩子对家这个小集体的关爱。明确规定他吃饭的时候帮我收拾碗筷，打扫自己房间的卫生，整理自己的床铺，别说，还真像那么回事儿，干活的时候，一板一眼，像模像样，我高兴得不得了，谁知他竟跑来跟我商量，每天吃完饭后，我帮你把碗也洗了吧，每只碗1块钱，三只碗3块钱，其余多出的盘子什么，就算我义务服务，我哭笑不得，问他，是不是将来我老了，你照顾我，也要收钱？他低着头不吭声，但是，我知道他"斤斤计较"的心并没有退去。

有一次，一个朋友生病急需5000块钱，我正准备到银行去取，儿子截住我说："我那儿有5000块钱，你先拿去用。"我高兴得一把抱住儿子说："谢谢儿子，解决我大问题了。"儿子挣脱开来，急忙说："不是白用哈，还回来要长两百块钱的利息。"听了儿子的话，我呆怔在那儿，半天没有回过神来。

更为严重的一次，有天正上班，儿子所在的学校，校长打来电话，要我下班后去一趟。

下班后，我心中七上八下，忐忑不安地去了学校。原来是因为，前段时间，我给他订了一份英文报，他的同学要借看，并且讲好了那同学看完报纸后，付给他5块钱，结果报纸看完后，他的同学食言，拒不给他钱，儿子一怒之下找到了他们的校长，陈述事由，并且向校长索要那5块钱，因为校长是那个同学的父亲，有责任替他儿子支付那5块钱的外债。

听了校长的讲述，我哭笑不得。回到家，看来儿子对钱的认识出现了偏差，而且对钱全部的概念就是一个数字，因为那个数字的增长而快乐着，因为他几乎从不花钱。

那天晚上，我拿出了全部的耐心对儿子说："生活中，钱不是最重要的，虽然说没有钱是万万不能的。比如上次帮妈妈洗碗，你要收费，帮妈妈拿东西，你要收费，帮助同学你也要收费，这些都是不对，你想想，从小到现在，妈妈给你做吃的，洗衣服，照顾你，受苦受累，如果都要用钱来换算，你不是要付妈妈很多很多的钱吗？"儿子低着头，并不表态，我知道，我的话并没有打动他。

从那时开始，我就想找一个更好的契机，让他明白，钱不是生活中的唯一，生活中还有更重要的东西，那就是亲情，友情，那就是爱，而爱是不能论斤论两出卖的。

过了一段时间，儿子患了流行性感冒，很严重，又是鼻涕，又是眼泪，嗓子肿得吃不下东西，我带他去医院打吊瓶，住了两天的院。同房住了一个小病友，活泼开朗，爱说话，很快和儿子成了好朋友。下午，小病友的同学朋友，呼啦啦来了一大帮子，带来了很多好吃的，好玩的来看他，还有同学主动来帮他补课。相反，儿子这边，冷冷清清，一个同学都没有来看他。儿子闷闷不乐地坐在那里看着窗外发呆，我看得出他很沮丧，这次的事情对他的打击挺大的，我趁机说："平常在班里，同学借你一块橡皮，用一下你的小刀你都要收费，这是不正常的，和同学相处，要互助，友爱，敞开心怀去接纳，而不是将一切都建立在钱的基础上，爱别人，别人才会爱你。"

儿子低下头，眼里闪出了泪花。

钱不是人生唯一的行李，钱的作用，在孩子的眼睛里尚且如此，在成人的世界里，又何尝不是这样？终有一天，你会发现，这个世界上还有一些比钱更重要的东西，用钱买不到的东西，那些用钱买不到的东西，才是你一生最值得珍惜和拥有的。

被愤怒引爆的紫斑鱼

没有什么能一下打垮你，就像没有什么能一下拯救你。有些人在选择放弃时，都选择前行。

上中学那年，班里转来一个男生，他身材修长挺拔，面色略有一些苍白，像一杆清竹，显得文静而脱俗。

他总是一个人独来独往，不大讲话，也不大合群的样子，但他身上流淌出来的那种淡淡的忧伤的气质，像一首诗一样，迷倒很多女生。

那时候，我们都用钢笔写字，大多数同学通常都只有一支钢笔，家境略好些的同学，拥有两支或三支钢笔，钢笔多的同学神情与底气就与我们有些不同，言语间自然而然地就有了某种优越感。当然，能拥有英雄金笔的同学就更是凤毛麟角，少之又少，在物质极其贫乏的年代，谁会舍得给学生买一支价格不菲的"英雄"金笔？

班里的一个女生就有这样一支金笔，可惜拿在手里没有多久就丢了，然后大家就发现班里新转来的那个男生手里多了这样一支金笔，一时间，众说纷纭，好多同学明里暗里把矛头指向了他，他家境寒微，生活窘迫，手里不合时宜地多了一支金笔，然后就顺理成章地成了矛盾的焦点，成了大家猜忌的对象，那个女生更是又哭又闹，说他偷了她的金笔……

他百口莫辩，嘴唇直哆嗦，反复地说这支笔是父亲的一个朋友送的，任他怎样解释，可是没有人相信他，再看他时，眉梢眼角就多了不屑和嘲弄。他带着一腔的愤怒离开了学校，仇恨和忧伤是他被曲解的副产品，从此他再也没有去过学校。

有一天放学之后，他在路上堵住那个女生，问那个女生为什么诬陷自己？女生毋庸置疑地说："就是你偷的！不是你偷的还能有谁？"他被愤怒的火焰被引爆，掏出事先准备好的剪刀，把那个女生的长发剪成了不男不女的阴阳头，让她无法见人。

从此，那个诗一般忧伤的少年变成了另外一个人，抽烟，喝酒，打架，胳膊上张扬着恐怖的刺青，眼睛里写满了放浪不羁和无所惧，不去学校，也没有工作，在社会上游荡了很长一段时间，最终，他为此付出了惨重的代价，大学与他无缘，别人在大学校园里漫步的时候，他在监狱里待了几年，出来后，更是离群索居，一个人暗淡地生活着，听人说，他一直都没有结婚，不知道是他心中的愤怒和仇恨无法冰释还是再也不愿意相信别人。

我想起一种海洋生物，那就是生活在热带海洋里的石斑鱼，它的全身长满了有毒的硬刺，在自我防卫或者攻击其他海洋生物的时候，它的愤怒和仇恨与自我伤害就会成正比，它越是愤怒，越是充满仇恨，它的毒刺就会愈加坚硬，它的毒性就会更大，伤害就会更深。它在伤害别的生物的同时也会引爆自身安全机制，愤怒的火焰让它的生命减少一半以上，明明可以活个六七年的石斑鱼，最终只能活个两三年。

那个愤怒的男生就如同海洋生物石斑鱼，在遇到不公正的待遇之后，不是想办法解决问题，而是以暴制暴，**让愤怒开花，让仇恨结果，伤害别人的同时也伤害自己，用余生换取一时的快感，用毁灭换取一时的冲动，这不是得不偿失的事，这是愚昧和蠢钝。**

淡淡的就好，
何必非要姹紫嫣红

或许，这里面没有一个人是她。她是独一无二的娟，是曾经驯化过我、使我的心顷刻间安宁下来的娟。她笑起来的样子，那样美，那样好，让我怎样也忘不了。

恋爱中的女子，总会患得患失，要结婚的女子，这种症状就更为突出，嫁他吧？两个没有什么经验的人组成一个小家，缺了米，少了盐，日子会不会很清苦？待要不嫁他，可是错过了目前最适合的这个人，会不会一生后悔？左右思量，当然也是左右为难。

待嫁的女友处在这样一种进退皆不是的境地，她的老妈看女儿茶不思饭不想，眉蹙若春山，日渐清瘦，看在眼里，疼在心上，于是以过来人的口吻献计献策，现身说法："物质时代，光有爱情是不够的，有道是贫贱夫妻百事哀，这是千古不变的真理，小两口再浪漫，也不能喝着西北风卿卿我我。再说了，我们又不比别人差，邻家嫁女有豪宅，我们有个小公寓就将就，人家有宝马香车，我们有个经济实用车就成，这是原则和底线，不能更改。"

偏偏女友是小家碧玉型的女子，对老妈的话言听计从，找到准老公，传达了这道圣旨，新结婚时代，有车有房才有爱。

单看有车有房才有爱这句话，很有些意思，车排在第一位，其实车在日常生活中，并不是必需的物品，有了是一种奢侈，没有也无关大碍，可是偏偏就把车放在第一位。而房在现实生活中，不过是本位，是必须，租的房也好，买的房也罢，反正不能蹲在露天地。最末一位才是爱，爱成了所有附加条件中的点缀，很耐人寻味，有些本末倒置的意思，我们到底是为了爱才结婚，还是为了结婚才爱？

人生有两大喜事，洞房花烛夜，金榜题名时。女友的准老公早过了金榜题名的喜悦和快乐，跻身进大都市，谋得一席之位，刚刚把腿上的泥洗干净，就想一步登天地坐进香车宝马，住进花园豪宅，显然有些不切实际，可是女友的要求，如果达不到，后果很严重，洞房还没进，人已经开始发昏，车和房子成了他的心病。

当然，最后，婚还是结了。女友的准老公跑回老家，把父母的房子卖了，把老人手中的积蓄也顺便拿过来，把牙关咬紧，把腰筋抻断，最后终于在郊区买了小房子和实用车。

本以为从此恩恩爱爱，甜甜蜜蜜地搭上了幸福的快车，谁知道结婚后，女友的老公不再黏着她抵死温柔，甚至连家都不爱回。

女友找我诉苦："你说，我怎么他了？结婚前，我在家里，爸妈把我捧在手心里，衣来伸手，饭来张口，公主一般。这结婚后，他怎么就看我不顺眼呢？我给他洗衣做饭，以他的喜好为喜好，可她怎么就正眼都不看我呢？而且回家越来越晚，找一切的借口在外边逗留，不爱回这个家，为什么要结婚呢？"

面对女友的满腹委屈和牢骚，我不知道说什么好。她的老公之所以不爱回家，是因为他回家看到老婆，就想起因为自己被迫卖了房子的父母，住在地下室里，冬无暖阳，夏无凉风，而自己什么时候才能还上父母的恩情？

其实女友有体面的工作，不菲的收入，真的不必信奉有车有房才有爱，原本以为搭上了开往幸福的快车，不承想，却搭上了开往幸福的慢车，而且不知道哪里可以下车，哪里是终点。

亦舒说：没有爱，我要很多很多钱，前提是没有爱，可是有爱了，为什么也要很多很多的物质？有爱了，又要很多很多的物质，就有贪心的嫌疑，**幸福不是给贪得无厌的人准备的**，幸福只光顾那些怀有淡淡喜悦和容易满足的人。

不要总是好奇心很强，
虎视眈眈地窥视着每一个人

我们的心情已经很芜杂了，请不要再去填充一些无关紧要的信息。

前几天在街上碰到久未见面的朋友大赵，我不认识似的上上下下打量他，只见他额头粘了两块创可贴，胳膊吊着绷带，顶着一头乱蓬蓬的短发，要多狼狈有多狼狈。我暗忖，这可不是大赵的风格，大赵是个讲究的人，事业做得风生水起，小有成就，衣饰讲究品味，饮食讲究营养，风度儒雅，怎么会这么潦草就跑出来了？

我忍不住打趣他："刚从战场上下来啊？怎么搞得丢盔卸甲还负了伤？"大赵苦笑："别提了，也差不多吧！前两天开车上班，不小心撞到马路边的电线杆上了。"我也笑了："怎么犯这么低级的错误啊？可惜了你那台刚换的新车，是不是酒后驾驶？"大赵吐了一口吐沫，愤愤地抱怨："这个世界都他妈的疯了，坏就坏在那台新车上，我被莫名的电话、短信骚扰得无处躲藏。"

原来大赵最近换了一款新车，从此便被噩梦纠缠上了，先是某高档豪华海景住宅小区的售楼小姐，一天能打三四个电话向他推荐他们质优、价廉、物有所值的"贵"宅。接着就有健身俱乐部的小姐向她兜售年卡，然后隔三岔五有五星级酒店声音柔软甜酥的小姐向他推荐他们酒店的特色菜，大赵的生活彻底乱了套，因为这些骚扰电话不会因为他休息了而停下，也不会因为他上班了，就来骚扰，而是没有规律的，冷不了什么时候就会响起来，以至于现在，大赵都坐下病了，只要手机一响，就心惊肉跳，不接吧，怕耽误了家人、朋友、公司、客户的重要电话，接吧，又怕没完没了地被骚扰。

这不，到底还是出事了，那天早晨，大赵驾车赶去公司开会，要命的手机彩铃又响了起来："大赵，来电话了。大赵，来电话了！"大赵犹豫了半天，是接还是不接，可手机却像疯了一样不停地响，大赵以为是自己一直在等的一个大客户的电话，可是接通了一听，就发现上当了，是一个卖健身器材的，大赵就火了，骂了对方几句，一打方向盘，车撞到路边的电线杆子上了……

大赵的事，让我想起了新搬来的邻居，邻居是一对新婚的小夫妻，妻子刚刚怀孕不久，小两口沉浸在即将为人父母的幸福悦之中。每隔一段时间，小夫妻就会去卫生防疫站做定期的体检，去的时候手牵着手，回来的时候哼着好听的歌儿。

没多久，歌声听不到了，笑脸也看不到了，幸福和喜悦被忧伤和愁绪替代了，邻妻美丽的容颜颓成苍白的面孔，原先明亮的大眼睛变得失神而呆滞，原因是，她肚子里的小宝宝流产了。

去医院检查，确定怀孕之后，她家的固定电话就成了公用电话，不停的有陌生的电话打进来，有推销保健品的，有推销婴儿用品的，有推销药品的，有推销保险的，五花八门，轮番轰炸，把人炸得都晕了。有一天夜里，芳邻睡得正香，电话在寂静的夜里骤然响起，邻妻在睡梦中惊醒，以为老妈犯了心脏病，爬起来睡眼惺忪地往客厅里跑，不小心磕到桌子角上。等老公跑到厅里，妻子已经流血不止，晕倒在地，胎儿当然保不住了，急急忙忙送到医院，幸好大人无事，总算松了一口气，后邻居查了那个打进来的电话，居然是一家保健品公司的，邻居执意要把那家保健品公司告到法庭，胜算的几率有多大，不得而知，但是孩子没有了，这是千真万确的事实。

我看着也跟着揪心，招谁惹谁了？好端端的，撞到电线杆子上。好端端的，孩子就没有了。这世界都疯了，让人怎么活啊？

密友小苏，是个唐诗宋词般温婉清丽的女子，无论是在家里还是在公司里人缘都很好，她不擅长八面玲珑的交际之道，但她为人低调，温暖，善良，和老公结婚好几年了，依旧你情我侬，令朋友们艳羡。

前段时间，小苏的笔记本电脑系统崩溃了，从电脑公司请了一个高手重做系统，高手就是高手，小苏的电脑中有一个加密的文件夹，高手想尽一切办法破译了，打开后就傻掉了，文件夹里全是照片，激情照片，而且是眼前这个在绣花桌布上泡咖啡的温婉清丽的女人的激情照片，高手趁她不备，偷偷把这些照片复制下来，卖给了一个色情网站。

几个月之后，一向人缘很好的小苏去公司上班，发现男同事看她的目光充满挑逗和暧昧，女同事看她的目光有鄙夷和不屑，只要她稍稍走近谁，谁都会找个借口逃之夭夭，她像孤岛上绝望的人，惶恐不安，不明就里。

终于有一天，老公把一沓照片摔到她的眼前，她傻了，拼命地跟老公解释："这是我以前的男朋友，他是搞摄影的，那时候我们感情很好。"她艰难地说："我们早就没有来往了，这个你是知道的，结婚以后，我们再也没有过来往……。"

她的眼泪哗哗地流，拼命地撕着那些照片，老公说："没用的，网上可以下载，你撕得尽？"

离婚当然不能幸免，任小苏怎样检讨和哀求都没用，她的老公怕丢人，老公的家人坚决支持他离婚。

离婚后的小苏迅速开始萎谢，公司也不能去了，同事看她像看怪物一样，她无法忍受那些刀子一样的目光，至此，她相信目光能杀人的说法。起先她还去找过那家电脑公司，人家却说，那位电脑高手早辞职走人了。

绝望的小苏，终于被一段尘封的隐私伤得体无完肤，现在的她，像祥林嫂一样，逮着人就说，我是好人，我没有做过坏事，为什么会有这样的报应？

谁动了别人的隐私？谁让我们成了透明人？这是一个值得反思的问题。信息社会里，个人信息资料就是资源和价值，谁掌握了更多的信息，谁就拥有了更多的利益和潜在利益，可是当你把黑手伸向别人的隐私的时候，有没有想过，会给别人带来怎样的痛苦和不便？经济社会，到底用什么衡量价值取向，这个标准的界定就是良心，用良心作为风向标，为别人留一条活路！

他们已经老了，
你需要坚强且有力量

我们都要记得：上了路，就天天走，总会遇到隆重的庆典。

百度百科上说：年龄在 23 岁到 30 岁之间，有谋生能力却仍然不肯"断奶"的年轻人叫"啃老族"，也就是社会学家挂在嘴边的"新失业群体"。

商业社会，竞争日益激烈残酷，商场变成了看不见刀光剑影的战场，暗流潜伏。年轻人放下书本迈出校门，就意味着开始了另外一种形式的较量。怯懦的人缺乏勇气和魄力，老是怀想和依恋在父母羽翼下成长的温馨岁月，那是人生之中最美妙的时光，食有粥，住有房，行有车，身后永远是父母的呵护和关爱，所以不愿长大，不想"断奶"，更不想单飞。

朋友大赵有一个非常出色的儿子，从小学到高中，学习成绩一直名列前茅，是他所认识的那些孩子中的佼佼者，也是他父母的骄傲。走到哪里，只要一提到儿子，大赵的脸上便会笑得如同一朵花儿。有再不开心的事，只要一想到儿子，就会烟消云散。

骄傲有骄傲的资本，大赵的儿子，从小到大，在各种竞赛中拿了很多奖，人又很阳光，高中毕业后，很顺利地考上了一所理想中的大学，一切都朝着一个良好的方向发展，大家都说，这孩子前途不可限量。

大学毕业后，他先是进了一家高科技企业，年薪可观。朋友圈中，谁家的孩子惹是生非，就会拿他打比方：学学人家大赵的儿子，人家怎么就比你有出息？他又没长三头六臂，可就是比你优秀，别好的不学，尽学孬的。

谁知没几天，他便从这家高科技企业辞职了，换了一家房地产公司。众人扼腕之余，又无比羡慕地说：如果不是口袋里揣着那么高的学历，怎么会像现在这样，想进哪家大企业，就跟换双拖鞋一样。别人找份理想中的工作，简直比找个情投意合的媳妇还难，他换工作却像走平地。

房地产公司这份工作，最终也没有做长，没几天又换了。随后，像走马灯似的又换了几份工作，都没有做长。折腾了一段时间，终于厌倦了，疲惫了，他不再去外面奔波找工作，而是赋闲在家，上上网，打打游戏，下载几部美剧。大赵每个月除了给他最基本的生活保障，还给他一些零花钱，心里想着，家是港湾，他累了，歇息一段时间，会重新上路的。

谁知大赵把形势估计错了，而且错得很严重，很离谱，他这一歇，便是春花秋月日夜长，一晃两年过去了，他并没有想出去工作的意思，而是爱上了这种闲散的生活方式。大赵找他长谈了一次，很委婉很含蓄地说了自己的想法，大意是年轻人不能老躲在家里，会失去斗智的。谁知他的儿子很不屑他的观念："爸，您又不是养不起我，干吗这样跟我斤斤计较？你也想让我也上街卖猪肉啊？我可没有那样的勇气。我的好多大学同学都跟我一样，毕业后没有合适的工作就不做，有什么了不起的啊！您还当不当我是您亲儿子？"

大赵不听则已，一听之下，怒火中烧，想不到受过高等教育的儿子竟然会有这样的想法，他咆哮：我供你读小学读中学读大学，养了你二十年还不够啊？你还要我继续养下去？养你到什么时候？养到你胡子都长出来吗？啃老不是时尚，是耻辱，是国家和社会的寄生虫，是一个家庭的寄生虫，就算我能养得起你，也不会再养你。

现在的大赵，每次说起儿子，除了无奈，就是一脸的郁闷，人也老了不少，更不会像当初，说起儿子一脸如花，而是怒其不争，恨铁不成钢的模样。

长多老才断奶？这成了一个全新的课题，含辛茹苦的父母，辛苦打拼了一辈子，承担了一大笔不菲的教育经费就不用说了，买房子要父母掏腰包，结婚要父母掏腰包，好容易可以松口气了，生活却又重新回到了起点。

"啃老"是一个令人担忧的社会现象，不是父母能不能承受的问题，一个民族如果要强大起来，年轻一代不但要在生活上"断奶"，更重要的是心理上的"断奶"，**丢掉习惯丢掉依赖，才能长大才能强壮。**

父母也是凡人，
他们并非无所不能

　　从小到大，在我们的印象里，母亲似乎无所不能，无所不会。饿的时候，母亲会给我们食物；冷的时候，母亲会给我们温暖；受伤的时候，母亲会帮我们舔舐伤口；喜悦的时候，母亲会和我们一起分享。其实，母亲不是完人，更不是圣人，母亲也会犯错。所以，请别苛求母亲完美。

　　小区外面的拐角处，有一个水果摊，每天从摊前经过时，色彩鲜艳、外形丰润的水果格外引人注目，偶尔会驻足，买上几个带回家。

　　卖水果的是一个中年女人，面目和善，说话低声细气，一开口必然笑意盈盈，让人看了觉得心中温暖舒服，因此，光顾她的人很多，她的生意比别人的都要好。

　　女人有一个花朵一样年纪的女儿，20岁上下的样子，偶尔也会来水果摊帮帮忙，不大爱说话，有时候会拿一本杂志在水果摊的旁边看。

　　时间久了，知道了卖水果女人的一些事，比如她离婚了，10年没有再嫁，一直靠卖水果和女儿相依为命。比如她住在郊区，房子很小，下雨天漏雨。比如离婚后，她还叫前夫的母亲为妈妈，隔一段时间就会去看看老人家……

有一天，天公不作美，一直飘洒着细雨，对于风吹日晒雨淋的卖水果的女人，并不见得是什么好事，可是那天，她似乎格外高兴，尚且未到中午，就早早地收摊了。

我路过她的水果摊的时候，她正哼着歌，把水果一个个码到纸箱里。我停下脚步，问她："中彩了？这么高兴？"她有些不好意思地摩擦着手中的水果，附到我的耳边小声说："我女儿有了男朋友，是个做软件的，听说是高科技人才呢！今天到我们家相亲。"她的高兴中有点小小的得意。

看着她麻利地收拾好东西，步履匆忙地转身汇入人流，我不由得会心地笑了。一个独身女人带着女儿十年，其中的辛苦只有自己知道，看着女儿长大成人，再找个好的婆家，有理由小小地得意一下。

第二天，从外面回来，路过小区拐角处的水果摊，卖水果的女人和她的女儿背对背地坐在水果摊前，都嘟噜个嘴，谁也不理谁，有人来买水果，也不大起劲。

我停下脚步，问女人："怎么生气了？昨天相亲的结果如何？你的准女婿一表人才吧？"不问还好，一问之下，女人开了腔，有些赌气地说："都是我这个妈不好，我这个妈老土，不讲卫生，破坏了人家的好事。"女儿在旁边也开了腔："都跟你说多少次了，别用那脏兮兮的抹布擦盘边，你偏不听，这回好了，人跑了，你舒服了？"

卖水果的女人有些委屈："这么些年，你都是吃我做的饭长大的，生病了吗？不长个头了吗？"女孩有些不屑地回敬："你那些都是歪理，你就是不肯接受别人的批评，你怎么会变成这样……"

女孩没有说完，表情愤愤然，我插嘴："别责怪你的母亲了，她也不是圣人，也有做错事、说错话的时候，你就不能原谅她吗？"

女孩闭上嘴，把头转向一边。再看卖水果的女人，早已是泪水盈睫。

从小到大，在我们的印象里，母亲似乎无所不能，无所不会。饿的时候，母亲会给我们食物；冷的时候，母亲会给我们温暖；受伤的时候，母亲会帮我们舔舐伤口；喜悦的时候，母亲会和我们一起分享。

其实，母亲不是完人，更不是圣人，母亲也会犯错。所以，请别苛求母亲完美。

去成为一段传奇，
而非他人的标签

不必对现实感到失望。接受事实，然后花些时间去找到自己的天赋。若你实在没什么天赋，那就去做你喜欢的领域，然后努力证明自己存在的价值，用自己的力量去影响更多的人。这将是你的传奇。

很多成功人士，身上都会同时贴有一个或几个不同的标签，比如著名画家陈丹青，同时又是一个作家。比如著名节目主持人杨澜，同时又是企业董事局主席。比如著名导演张艺谋，既是摄影专业出身，同时也主演过电影。这些人通过自身的努力和奋斗，几乎人生的每一个标签上都写满了精彩纷呈，像一树繁花，引人注目。

然，拥有这样出色的人生，毕竟只是小众，多数人都是普通而又平凡的，身上没有那么多耀眼的光环，在生活里摸爬滚打，遇到过沟沟坎坎，遇到过阳光灿烂，当然身上也同时贴着几个标签，比如男人，在单位里是上司或下属，在家里，是父母亲的儿子，是妻子的丈夫，是孩子的老爸。比如女人，在单位里是上司或下属，在家里是父母的女儿，是丈夫的妻子，是孩子的老妈。尽管这些都是不起眼的小标签，而且几乎每个人在一定的年龄段里都会拥有，可是能把这些小角色小标签演绎得异彩纷呈，也不是一件很容易的事。

朋友小赵终于有机会升职，本来是一件令人高兴的事，可是他怕自己年轻，在单位里管制不住众人，为了昭示自己的威严，他变得不苟言笑，刻意板着个脸。从前那个开朗健谈的小赵无影无踪，取而代之的是一个动不动就训人的小赵。

不会笑的小赵成了大家的压力，下属们看见他过来，都低下头，专心做事，如果是在路上碰到他，宁可绕道而行，也不愿意与他打招呼。他犹不自知，久而久之竟然成了习惯，把职业表情带回家里，孩子看到他，吓得一声不敢吭，乖乖地躲回房间里做作业。妻子忍受久了，终于暴发，和他狠狠地吵了一架，带着孩子回娘家了，不久之后提出离婚。

小赵无疑是给自己贴了一个不苟言笑的"威严"标签，连带反应并不是他自己想要的结果，下属遇到他绕道而行，妻子居然要与他离婚，他怎么都没有想到，会是这样的结果。其实道理很简单，生活就像照镜子，谁会对着一个整天板着脸的人微笑？

朋友小周恰恰与小赵相反。他上了一所并不理想的大学，念了一个并不理想的专业，找工作费了很多周折，先是在一家销售公司做业务员，上门推销的那种，很多次都被人家当成骗子赶出来了，工作三个月，事业上一点进展都没有，因为业务员拿的都是底薪加提成，卖不出东西，提成拿不到，那点底薪只够啃方便面的。可是他并没有妥协，并没有放弃，每天都哼着歌上下班，女朋友说他脑子有病，连饭都吃不上，还有心思傻乐和，一气之下提出分手。

心疼了一段时间，他换了新工作，销售代表，酒店前台，甚至给出租车司机打过替班，最困难的时候，一天只吃一顿饭，回家时母亲看他瘦得像一根竹竿，心疼得不撒手，不让他再出去打拼。他却笑了，说："妈，我挺好。所有的磨难，我都看成人生的经验和铺垫。"

小周无疑给自己贴了一个"执着"的标签。多年前有一首老歌，唱的是：没有人能够随随便便成功。小周的执着终于赢得了成功，多年后，他有了自己的公司，有了自己的产业，说起当初的经历，他笑，一个人跌倒了不可怕，可怕的是赖在地上不肯起来。

他们的经历，让我想起日本医学博士江本胜在《水知道答案》中那个著名的实验：在装满水的瓶子上贴上"感恩"的标签，水分子的结晶居然像个"心"字；贴上"阿弥陀佛"四个字的篆刻，水分子的结晶呈现七彩色；贴上"爱"与"感谢"的标签，水分子的结晶呈现完整的六角形；贴上"混蛋"的标签，水分子不能形成结晶……

一滴水尚且能分辨出一个词语的美丑，更何况一个有着高级思维意识的人呢？一个人给自己的瓶子贴上什么样的标签是一件很重要的事情，有的人，香车豪宅，事业有成，却整天郁郁寡欢，原因是他给自己贴了一个"贪婪"的标签。有的人，辛苦劳作，只够温饱，却整天愉悦无比，原因是他给自己贴了一个"满足"

的标签。一个人给自己贴上一个什么样的标签，从某种程度上决定了其幸福的指数和浓淡。

其实生活中，每一个人都是一只装满水的只瓶子，当然这里的水是指心灵和思想，尽可能多地给自己贴上感恩、喜悦、平淡、宽容、友爱、善良的标签，看看生活会回报给你一个什么样的结晶体，答案其实每个人都知道，答案其实就在我们自己的心里。